U0344602

知味如诗

访野入世

笔落草木生

沈家智 著

殷茜 绘

江苏凤凰科学技术出版社 南京

序・一

一本草木的文学传记

花伴侣创始人　李敏

植物是人类宝贵的财富，我们的衣食住行都离不开植物。我国地域辽阔，山川纵横，植物资源异常丰富。几代植物学工作者通过辛勤工作，基本摸清了我国野生植物资源的家底——高等植物有3万余种，约占全球的十分之一。中国是名副其实的生物多样性大国。随着工作的开展，每年还有上百个新物种被科学家发现。

因为工作关系，我常常查阅的都是繁复、枯燥的植物学文献，在收到《笔落草木生》的样稿时，眼睛不由得一亮：有别于科学语言的严谨呆板，这本通俗读物的语言有着文学性的优美，配以温馨恰当的彩色手绘图和整洁清爽的版式，给我这个成天与植物打交道的人打开了另一扇认识植物的大门。我抽空翻看了一遍，为工作高度运转的脑袋竟渐渐安宁下来，心里仿佛寒冬时喝进一碗香甜的米酒……

虽然我也常到荒山野岭中跋山涉水考察植物，也见惯了林间的溪流与草原的风云，以及虫鸣鸟语、花草树木。但通过《笔落草木生》的文字作者沈家智的细腻讲述，我开始发现一些被职业习惯和忙碌过滤掉的生活趣事：“博落回还有一个地方能发出声音，便是它的茎。唐代有位中药学家叫陈藏器，浙江宁波人，编著了《本草拾遗》一书，其中就有说到博落回……”“……南酸枣核太坚硬了，芽很难发出来，植物很聪明，就进化出了几个窟窿眼，到了春天，芽头就从这些眼里钻出来，长成参天大树。据说每个眼里都能发出一苗，故而有‘一花开五叶’的意思，便被选作菩提子了。也有说‘五福临门’的，都是人们对幸福的祈盼。”

文字作者沈家智先生是一位自然教育工作者，目前居住在杭州，或许因此笔调中浸染了江南风物的柔情。通过文字，我能感受到他观察植物的细心和热爱生活的用心。由于长期从事青少年自然教育工作，他还在书中讲了不少和孩子交流的乐趣，能将每一种植物所涉及的文化故事，结合科学知识，生动地传播给周围人和下一代。这些反而是我们科研工作者缺乏的，值得我学习。

南京中山植物园的殷茜算得上是我的同事，是一位长期和植物打交道的人，主要工作是引种保育——将野生植物引种到合适的生长环境中，这通常需要人类的干预和照料。她工作之余热爱植物绘画，她的画兼具科学性和艺术性，既描绘出植物的识别特征和客观形态，也在保障科学性的前提下发挥自己的艺术才能，把对植物的个人感受转化成画面之美。有趣的是，本书多数插画用“花伴侣”App 都能准确识别出来，出乎意料。

读罢《笔落草木生》这一本草木的文学传记，令我回味无穷。

2019 年冬

序·二

花草树木总关情

南京中山植物园　殷茜

最初看到家智文字的时候，我还没有见过他本人，因为要给每篇文章绘制插图的缘故，动笔之前我会仔细阅读他的文字，揣摩作者要表达的心境。渐渐地，通过字里行间，我便能在心中深深浅浅描画出对他的印象。

看他写“我有一个习惯，到了一个地方，总以植物为印记”，我想，这定是一个有草木情怀的人，除了心地温良、善于观察之外，他一定对自然抱有深沉的爱。

看他写，“我坐在墓一般的荫里等候明天清晨的太阳，这个世界将落满秋霜。”我想，这定是一个相当幸运的人，毕竟要拥有怎样的禀赋，才能把平常的风景过出一种诗意的人生？

看他写，“秋深了，衰草披离，苍耳子一簇簇挂在枯枝上，孩子们见了都要一拥而上，孩子气的成年人也是如此。”书中他不止一次提到孩子，我想，这定是一个喜欢孩子的人，或者他根本就是一个孩子气的成年人吧，不然又怎会保有着天真和童趣，保持着敏锐的感觉和敞开的心扉？

本书中家智选择的植物，多是在江浙一带的野外或庭前院后常见的普通物种，带着对作者本人和他所描写植物的印象，我开始动笔，试着画紫藤的紫穗低垂缀嫩叶，画夏雪片莲的琉璃清幽小世界……

我并不是一个全职画师，我的本职工作是在南京中山植物园里做植物引种和迁地保护工作。由于工作的关系，我经常会去山里，见到野外的植物，我深知与公园和花店里娇艳可人的栽培品种不同，野外的植物有自己的姿态。家智所描写的这些植物，可能没有出众的面孔，但大多更加自由、泼辣、个性鲜明，更重要的是它们就像老邻居一样，世世代代与我们人类生活在一起，这种熟悉感足以突破审美的局限，这些植物也已然成了人类记忆、习俗和情绪的载体。越普通的邻居，越是有故事。我一边画一边体会着作者的思路，也一边杂糅进自己的理解。虽画技有限，未能全然展现文中意，但是努力想要传递的信息应该与家智相同——山川河流，花草树木，自然之种种，总关情，有精神、有生命。

2019 年冬

目　录

055 如诗

001

知味

201

入世

访野

知味

对江南人来说，从来都是不时不食。从春至冬，或瓜果，或蔬菜，或植物的嫩芽，或盛开的花朵，新鲜采下，是每个季节都能品尝到的鲜美滋味。

豌豆尖　田埂上的味道

于豌豆而言，常被掐尖采食是很好的事情。这东西和韭菜简直有些类似，似乎非要争一口气，掐一根豌豆头，它就会成长两根，掐两根则长出四根。

豌豆尖

豆科 / 豌豆属

采食时令：冬末春初，采摘嫩梢。

分布区域：全国大部分地区。多见于菜畦田埂。

有一阵子，蒙朋友收留，我住在郊区的一座小园子里。

雨水节气我搬进去时，柳树已经发芽，但还没开花扬絮。清场地，打扫卫生，吊儿郎当地混了几天。直到惊蛰一过，春雷响了，才开始着急春种。

翻地，播种，一锄头一锄头地干了一个多星期，才慢慢歇下来。空了坐在房间里喝一口闲茶，写写文字，做自然活动的课程。

房间的窗户朝西，邻着池塘，池塘边种满了柳树。下午三点开始，就有暖的阳光透过窗户洒进来，落在松木的天花板上，投出窗户的落影，落影里有柳枝在摇曳。这是辛劳一天后最美的精神享受，来的朋友无不羡慕。

闲不住时，我会四处溜达。园子的角落有扇侧门，竹篱笆做的，整天用一个铁丝环扣在竹桩上，通往一个苗圃。以前农村的菜园甚至院落都是这样，防君子不防小人。我不拿自己当外人，进去后才发现别有洞天。

苗圃里种着桂花，间隙很大，阳光可洒到树根，小草如茵地生长着。围着苗圃的是一条河，濒水的地方有一墩墩的野蔷薇，花还没开，叶子很茂盛。河堤全被人垦作了菜畦，一垄垄蔓延开来，像一幅耕种的卷轴。萝卜已经开花了，大蒜畦里铺满了腐熟的圈肥，土豆的叶子是肥厚的墨绿，没有垦的地方有一堆堆的阿拉伯婆婆纳开着瓦蓝的花，马兰头也成片长着，肥嫩，但没人来采。

最引我注意的，是顺着竹架往上爬的豌豆。

在乡下，豌豆是没资格进菜园的，多是秋后点在田埂上，春来绿油油的长成一片。在这里也一样，其他菜都长在畦里，只有它长在没垦过的土地上。

种豇豆、扁豆，搭架子都得用竹子，整根地砍下来，搭得规规整整。但江浙人搭豌豆架子总是很潦草，山上捡几根大的竹枝，或随手砍几根拇指粗细的水竹，枝丫也不修剪，往地上一插就了了，很省功夫。

豌豆 *Pisum sativum*

豌豆，一年生草本植物，我们经常在苗圃、田埂上看到这种喜欢攀缘在竹架之上的植物。人们经常吃它的荚果和豆子。然而在江南，人们还喜欢在春天吃豌豆的嫩梢和嫩茎叶，鲜香柔嫩，妙不可言。

我瞎揣测，这或许和豌豆的生长特性有关。豌豆是蝶形花科豌豆属的越年生攀缘草本植物，一般深秋早冬播种，真正开始上架要到第二年三月下旬，而后开花，花后两周可采摘荚果鲜食，但口感很粗糙，不如软荚豌豆，也就是荷兰豆。再过三五天，豆子成熟，可以用玉米炒豌豆粒。一过五月，差不多就该下架了。农民是精明的，犯不着为这个太费周章，加上豌豆本来纤细，分量不重，小竹枝做架也就够了。

吃豌豆尖要趁早，真的到了春暖花开时就过季了。我常去菜场，在三月末只见得到马兰头，香椿也开始上市，二十元一把，只能偶尔尝鲜。多次想去买豌豆尖，都没寻到。

于豌豆而言，常被掐尖采食是很好的事情，有利于刺激生长。读顾村言的《人间有味》，写到掐尖，极有味道：

> 豌豆头其实是需要掐的，这东西和韭菜简直有些类似，似乎非要争一口气，掐一根豌豆头，它就会长两根，掐两根则长出四根，所以，过一段日子就得掐一掐，这样来年春天的豌豆结得也多些。

豌豆尖的吃法很多，凉拌、放汤、烫火锅，小时候可吃的菜不多，只能变花样吃豌豆尖，故而各种做法我均尝试过。汪曾祺先生推崇的吃法是做火锅涮菜。吃毛肚火锅时，各种荤菜后，浓汤中推入大盘豌豆尖，妙不可言。可惜我吃不了，豌豆尖和豆芽，清炒我可以吃，但放入火锅我吃了必胃胀，每次皆是如此。

还有一位吃过见过的主，叫王世襄。是个文物学家，学识极杂，除本门功夫外，诗词字画，甚至玩鸟斗蛐蛐儿，都是高手。汪曾祺曾写过一段往事，让我印象极深。一次文人聚餐，要求每位现场烹制一道菜，有鱼翅海参、大虾鲜贝，惟王世襄拎着一捆大葱而来，做了一道冷门菜：焖葱。四座震惊。自看了这个故事，我念念不忘这道神菜。

世襄先生是抗战时到四川后才开始吃豆苗的，我比较认同他的吃法，就是素炒。豆苗只宜清炒，加任何东西都是画蛇添足，弄巧成拙，不敢恭维是“知味”。吃豌豆尖，要的还是那特有的清香，还有本真的豆味儿。

除了豌豆尖，还有一种野豌豆，现在田野里到处可见，也可以食用。《诗经》里的“采薇采薇，薇亦作止”，“薇”就是此类植物，人们常认为是大巢菜。义不食周粟的伯夷、叔齐，饿死之前就在首阳山上采薇而食，歌而悲怆，令人泪下。

我在一家农庄吃过野豌豆，略糙，不及豌豆尖口味多矣。

诸葛菜　春花亦可食

看樱花时，也正是二月兰开花的时候。树上一片片海，红的粉的连绵到天际；树下却是一面澄净的湖，二月兰花在静静地怒放，紫色的湖水安静深邃，形成强烈的对比。

诸葛菜

十字花科 / 诸葛菜属

采食时令：早春，采摘嫩梢。

分布区域：模式标本采自中国，全国大部分区域可见。多见于平原、山地，现在城市公园多有种植。

这季节去辰山植物园，真的不知道应该看什么。从一号门进去，一片空旷荒芜，因为非周末，只能见到一些工人在河边收割蒲苇和芦竹，一车车地拉走。生长了一年，也历经了芦雪漫天的繁盛，最终还是要归于尘土。草木或人，皆安此命。

河津樱开始开花了，我能想象半月之后此处的盛景。这里有一条全长550米的“最美河津樱大道”，路两旁种满了河津樱，花开时云蒸霞蔚，宛如花的隧道。这是城里人难得的视觉刺激，也是一种浪漫。

河津位于东京以南的伊豆半岛，以河津樱而闻名。河津樱属于早开樱花，和常见的染井吉野樱不同。染井吉野樱花虽繁盛，但花期短；河津樱开花期能达一月之久，盛花期满树粉红，是极美的。

我在杭州植物园也看樱花，那完全是另外一种美。分类区的蔷薇科栽种区，是春天最美的地方，游人少，花也繁盛，能看到不同品种的樱花，也能不受人打扰。世人皆知，能和美人待在一起不受打扰有多美好。但杭州人看樱花大多不去植物园，而是去太子湾，那里因为葬了南宋两位太子而得名。每年春天，以郁金香展和赏樱轰动杭城，但逢周末，举袂成幕，挥汗成雨，让人很无奈。我喜欢这样的花海，也怕这样的花海。

看樱花时，也正是二月兰开花的时候。树上一片片海，红的粉的连绵到天际；树下却是一面澄净的湖，二月兰在静静地怒放。紫色的湖水安静深邃，与树上形成强烈的对比。杭州多种樱花，也多种二月兰，此二种皆寻常可见，常出门的人当认得。

在辰山植物园我反而没看见多少二月兰，许是因为季节未到，花开得零落，不显眼。

后来在药草园，我走累了，坐在茂密的桂花树下，四季桂细碎的花朵一粒粒落下来，落满草地，也落满衣裳。阳光掠过树梢，留给我一片浓荫，将自己整个泻在了一大丛二月兰上。是的，二月兰，这是我在辰山见到的第一丛二月兰，正开着紫色的花。

诸葛菜 *Orychophragmus violaceus*

一年或两年生草本植物，也称二月兰，四片花瓣呈十字形，三月盛花期，花瓣紫色或浅红色。嫩茎叶用开水泡后，再放在冷开水中浸泡，直至无苦味时即可炒食。种子可榨油。

二月兰是十字花科诸葛菜属的。十字花科是个对人类有恩的科，平常吃的青菜、白菜、萝卜，都是这个科的，是个最能体现“能吃吗？好吃吗？怎么吃？”的家族。

二月兰也是能吃的，据说在三国时就已经有人吃它了，主人公是诸葛亮。诸葛亮算是中国最神奇的人，以前我们说一个人很厉害，常说他“天上的知道一半，地上的全知道”，而诸葛亮貌似是天上地下全知道，传说他甚至能看星象算出自己的死期，这非常人能及。所谓医者不自医，算命的一般都算不了自己的命，他能。他不仅创造了木牛流马这种大型的全自动运输工具，还发明了孔明灯这种玩具，以及肉馒头这种吃食，竟然还发现二月兰也可吃。据说诸葛亮行军时令士兵采集二月兰，以充军粮，所以它也叫诸葛菜。

我吃过二月兰，并不觉得好吃，略糙，带苦味，比青菜的口味差多了。后来翻看《中国植物志》，一向严肃刻板的它，居然煞有其事地印有这样的句子：

> 嫩茎叶用开水泡后，再放在冷开水中浸泡，直至无苦味时即可炒食。种子可榨油。

因为难吃，我就对吃它没兴趣了。但逢着春天，我还是爱看它开花。

二月兰的花是典型的十字花冠，就是四个花瓣，呈十字形。花萼长筒状，紫色。二月兰播种时间和油菜差不多，开花却略早，现在已经开花了，真正的盛花期要到三月，也就是农历的二月，这也许就是它名字的由来。

二月兰的花是紫色或者浅红色的，盛花期一过，经过日晒雨淋，花多褪色发白了，像老旧的衣裳，有暮春之感。季羡林老先生晚年看了，总能想起自己的悲欢离合，他在《二月兰》的文末这样说：

> 有一位青年朋友说我忘记了自己的年龄。这话极有道理。可我并没有全忘。有一个问题我还想弄弄清楚哩。按说我早已到了“悲欢离合总无情”的年龄，应该超脱一点了。然而在离开这个世界以前，我还有一件心事：我想弄清楚，什么叫“悲”？什么又叫“欢”？是我成为“不可接触者”时悲呢？还是成为“极可接触者”时欢？如果没有老祖和婉如的逝世，这问题本来是一清二白的，现在却是悲欢难以分辨了。我想得到答复。我走上了每天必登临几次的小山，我问苍松，苍松不语；我问翠柏，翠柏不答。我问三十多年来目睹我这些悲欢离合的二月兰，这也沉默不语，兀自万朵怒放，笑对春风，紫气直冲霄汉。

年至耄耋，物是人非。每每读至此，内心戚戚然。现在，他也不在了，只剩下满山满谷的二月兰。

金樱子 当世界落满霜，来喝一杯可好
这个季节，金樱子还在转色，真正红透了的并不多。只有在几场很厚的秋霜之后，叶子开始发蔫，果实也红红的挂在枝条上，那时才可以吃。

金樱子

蔷薇科 / 蔷薇属

采食时令：深秋，采摘果实。

分布区域：多生长于向阳的山野、田边、溪畔及灌木丛中。

阳光洒在灌木丛上，

那是金樱子花开放的地方，

如今长满了红果，也长满了刺。

我坐在墓一般的荫里等候明天清晨的太阳，

这个世界将落满秋霜。

写这段句子的时候，窗外太阳正好，书房里却阴冷阴冷的，这个世界就像一片大森林，总有植物被困在深处，终年不见阳光。这种天气适合晒被子，到了晚上就能在暗夜里闻见太阳的味道；也适合去野地里晒太阳，一本书，一杯水，两个橘子，算是对自己的犒赏。

我昨天去过西溪湿地了，看了七八种蓼，十来种鸟，但是阳光很差，被冻

金樱子 ***Rosa laevigata***

常绿灌木，枝上散生扁弯皮刺，暮春开花，单生于叶腋。深秋果子成熟，果皮上密布小刺，果实含糖分，俗称“蜜罐”，但果肉少，籽多，不堪食用。因果实香味好闻，乡下用来泡酒。

得不行。今天就跑不动了，只能躲在荫里。但我知道，外面的自然，依旧很美好。

银杏的叶子落了，枫香也是，一群孩子在树下捡起一片叶子，又捡起一片，总是很美好。愿意上山的话，真的会遇见很多红的果子。有果子的地方就有鸟，这个世界即便没有人，也很热闹。

我能想起很多关于秋天的果子，山楂、豆梨、海棠果，还有金樱子。

这个季节，金樱子还在转色，真正红透了的并不多。只有在几场很厚的秋霜之后，叶子开始发蔫，果实也红红的挂在枝条上，那时才可以吃。小时候不知道它的名字，管它叫"蜜罐"，上下学的时候在路边常见，小心翼翼地摘下一颗扔在地上，用鞋底搓去密密的小刺，擦干净就可以吃了。

其实金樱子的果肉很薄，大部分都是籽，没有什么吃头，孩子们所喜欢的，一是有些甜味，第二无非是好玩罢了。

这种蔷薇科蔷薇属的常绿攀缘灌木生存能力极强，山村乡野无处不在。暮春时节，山上的花该开的都开过了，蔷薇属的植物开始默默登场。金樱子的花是极素雅的，白色，香味也很好闻。单生于叶腋，花朵比较大，都是单瓣，直径5 ~ 7厘米；花梗2厘米左右，开花时长满了细密的腺毛，厉害的是它的腺毛会随着果实成长变成针刺。

在那个时节，金樱子在蔷薇科是极不起眼的。各种悬钩子和野草莓都已成熟，是对孩子们最大的蛊惑。论姿色，各种野蔷薇也渐次开花，粉的红的，都

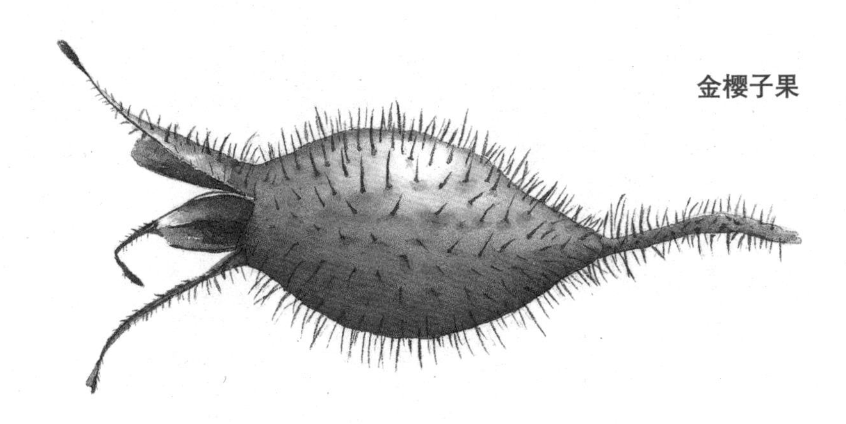

金樱子果

压过了它的风头。

只有在萧瑟的深秋，才显出它的好来。

金樱子真正成熟之后，果实偏酒红色，也有由黄转红的渐变色，一丛丛的，很有些好景致。好酒的人会摘下来泡酒，味道很好。

泡酒的做法很简单，自己去野外摘一些金樱子，太生的不要，有涩味。去刺后洗干净，就着秋天的太阳晒一天就可以用来泡酒了。因为营养成分大部分都在果皮上，种子没有什么用，所以不用太干，也无须剖开。一斤金樱子可以泡四五斤酒，比例不是死的，看菜吃饭。如果喜欢甜的，可以加一些冰糖或者蜂蜜。至于酒的选择，最好是纯粮食酒，高度数的，五十度往上，有杀菌的作用。

到了冬日，下着雪，三五好友围在一起喝点金樱子酒，也是件很美的事。要是这酒是自己泡的，就又多了点下酒的谈资。

韭菜　夜雨翦春韭

韭菜是极好吃的东西，只是因为味儿大，很多姑娘唯恐避之不及，小年轻初次约会吃饭，大概没人敢点韭菜。可在三千年前的《诗经》里，韭菜是作为祭品，以荐寝庙的。

韭菜

百合科 / 葱属

采食时令：春季最佳，入夏后口感差。

分布区域：全国广泛栽培。野外有野韭，多生于溪畔或阴湿林地。

2008年冬，大雪成灾。那时我正读大学，从浙江辗转回南昌，又从南昌坐汽车去彭泽，车子开到一个叫定山的地方就停了，说前面有几辆大巴车出了事故，还伤了人，得第二天才能走。天色已黑，一车人饿着肚子钻进路边的餐馆，韭菜涨到了40块钱一盘，加鸡蛋还要再加10块钱，老板是想趁机宰一次。

我对半道宰客是极厌恶的，也从不就范，便走了几十里路回县城。天上的雪停了，下着牛毛冻雨，路面结着冰，镜子一般光滑。两边的田地、人家都藏在雪里，发出幽暗的白光。我背着行李一路踉跄，到县城已是凌晨，头发眉毛皆白，结满了冰碴。朋友接上我回宾馆，一桌热菜，两瓶小糊涂仙，雪夜对饮，热气腾腾，当时觉着人生最享受的也不过如此。故而到现在，我还爱喝小糊涂仙。

后来回想，总感叹人生就是这样，当你觉得这个世界不再好时，却又有几个暖心的人靠近你，让你觉得一切还是很好的样子。此后几年，我慢慢经历了更多的事，便更加相信世道总会好的。只是，无论怎么好，人心怎么大度，我都不会去吃那盘 40 块钱的韭菜，因为它利用了人在途穷时的窘迫。

韭菜是极好吃的东西，只是因为味儿大，很多姑娘唯恐避之不及，小年轻初次约会，一起吃饭时大概没人敢点韭菜。可在三千年前的《诗经》里，韭菜是作为祭品，以荐寝庙的。《豳风·七月》的末章，写到了凿冰的劳动和一年一次的年终宴饮：

二之日凿冰冲冲，三之日纳于凌阴。四之日其蚤，献羔祭韭。

什么意思呢，是说十二月天寒地冻，开始凿冰，正月将冰藏在冰窖里，以备炎夏。到了二月，就要开始祭祖了，献上羔羊和韭菜，以飨先人。自此而后，早春用韭菜祭祖便成了风俗，一直到清朝，《清史稿·礼志》中，依然把鲤鱼、韭菜作为正月的荐新菜品，一则是让祖先也尝尝鲜，二则怕是因为韭菜剪而复生，以此祈愿儿孙昌盛吧。

话说回来，在先秦时期，也确实没有多少蔬菜可吃，《诗经》里提到了一百多种植物，能作为蔬菜的不过二十余种，到现在，一部分已退出蔬菜领域，成为野花野草，如荇、苕、苞之类。

那时候吃什么呢，古人说，五谷为养，五菜为充，五菜就是当时的主要蔬菜，指的是葵、韭、藿、薤、葱。五菜里面，葵是冬葵，也叫冬苋菜，我没吃

韭 *Allium tuberosum*

生有横生根状茎。鳞茎簇生，近圆柱状，外皮暗黄色至黄褐色。农人多以鳞茎繁殖，少有用种子的。叶条形，扁平，实心，比花葶短，有异香。中国人食用韭菜的历史比较悠久，是“五菜”之一。还有野生品种，也可食用。

过；藿是豆叶，是很粗糙的食物，贫苦百姓才吃。刘向在《说苑·善说》里讲了一个故事：晋献公时，有一个叫祖朝的东郭人上书献公，愿闻国家之计，献公派使者对他说："肉食者已虑之矣，藿食者尚何与焉。"意思是说，国事是吃肉的权贵们考虑的事儿，你一个人吃豆叶的乡下人掺和什么，可见藿食者鄙。

另外三个就很常见了，既是菜，也是香料，今人犹食。有人厌恶葱和韭，譬如李渔，他说，"菜能秽人齿颊及肠胃者，葱、蒜、韭是也"，并将此三味定为"臭"，故而多有禁绝。但他又吃早韭，强辩说，"芽之初发，非特不臭，且具清香"。世人香臭之辩，多半是不一样的，彼之砒霜，我之蜜糖，一家之言而已。我多次吃早韭，滋味嫩滑，气味不似老韭菜那般强烈，但终究还是韭菜味。

在我的口舌记忆里，韭菜的滋味是妙的。

但凡蔬菜，总是现摘现烧才好吃。至于韭菜有多美味，古人早就给了品题。南朝周颙在山间修佛，终日以蔬为食。惠文太子就问他，蔬菜什么最好吃？周颙说：春初早韭，秋末晚菘。

这话只有活在自然中的食客才说得出来。早韭俗称头刀黄芽，是韭菜刚生出时，由枯草掩盖着，因为没有过多的光合作用，呈现出韭黄的样子。在古代非一般人家可享，是富贵人家的菜肴。

再而后是春韭，春韭是乡村人家春日里的家常菜，会持家的农妇总是珍惜土地，韭菜一茬茬割了又长，是极容易生长的，故而每户人家只选菜园的边角种上小小的一畦，几行韭菜，却也三春不断。《红楼梦》里，元妃省亲，命宝玉及众姐妹给大观园作诗，宝玉作了三首，还欠一首《杏帘在望》，黛玉捏了个纸团掷给他，算是打小抄。在黛玉代写的那首诗里，有这样的句子：

一畦春韭绿，十里稻花香。

在这样的人家，钟鸣鼎食，春韭也不过一畦，何况藿食者乎？

韭菜是乡间野食，也需在乡间食用，方有滋味。

唐肃宗乾元二年（759）春，杜甫被贬为华州司功参军之后，路过奉先县，与少年故友卫八处士相逢，悲喜交集。“夜雨翦春韭，新炊间黄粱”，都是极简单的饭蔬，却是故交之肴，给杜甫以温暖。他说：“主称会面难，一举累十觞。十觞亦不醉，感子故意长。”

我每读此，也总感世事微茫，故友难聚。若真的相聚了，一盘韭菜也就足慰旧情了。

春韭肥嫩，做蛋饺是最好的，黄皮包裹着绿的韭菜，是春天的样子。可惜三春一过，韭菜就老了，入口干涩，不堪取食。

韭菜过后，便是韭菜花。我的家乡是不吃韭花的，只在抽薹时将韭菜薹收了，放在腌菜缸里腌着，等颜色呈青黄色时，便可取出切小段，用肉末炒食，和腌豇豆一般，是下饭菜。

西北人吃羊肉，喜食韭菜花。夏末秋初，韭菜开出白花来，妇人去园子里劳动，回来时拎着一筐韭花，洗净后捣碎成末，切几个红辣椒，入坛腌制，数日可得。这种火锅酱料我以前没见过，现在江南的火锅店也开始有了，正不正宗我不知道，但韭菜味还是很浓。据说正宗的韭菜花酱应该用野韭菜，其味更胜一筹。

五代人杨凝式，是梁、唐、晋、汉、周五朝元老，官至太子太保，也是位大书法家，人称杨少师。有一次，朋友送来了一点韭菜花，他食后大悦，正儿八经地写了封信，以示感谢，就是流传下来的《韭花帖》。杨凝式的作品多为草书，此帖却介乎行楷之间，潇洒有致，董其昌说，此帖“比少师他书欹侧取态者有殊，然欹侧取态，故是少师佳处”。我的书法老师也让我临过此帖，说它上承汉唐，下启宋元，是教科书级的法帖。

帖自是好帖，我更喜的是行文，杨凝式虽居庙堂之高，写的却是人间烟火事，寥寥数语，清淡风雅，是可以画横线朗诵的。现录如下：

> 昼寝乍兴，朝饥正甚，忽蒙简翰，猥赐盘飧。当一叶报秋之初，乃韭花逞味之始。助其肥，实谓珍羞。充腹之余，铭肌载切。谨修状陈谢，伏维鉴察，谨状。

我看古人的帖子，送人一筐梨，约客一桌酒，皆可鸿雁往来，流传千古，此令今人追慕也！

糯米团　盐道上的野菜

以糯米团为标志，且是水畔的一大片，绿意葱茏，让人容易有情感上的牵绊。谁让它生得如此粘连呢？

糯米团

荨麻科 / 糯米团属

采食时令：春夏皆可。采食嫩茎及嫩叶。

分布区域：生于丘陵及低矮山林，溪畔和水沟边多有生长。

坐车十里，再走十里山路，我仍在山里。

走着走着，最疲乏的阶段过去了，身子渐渐轻灵了起来，仿佛从尘世带来的浊气都通过毛孔随汗水排了出去，心上的那层灰尘一点点被山风吹走。医家说，离中虚，坎中满，就是我现在的状态：心腾空了，没有杂物的堆积，光才好透进来，泻满心房。

而此时的山路，才是万物皆美呢。

在山上，我发现了悬钩子属的五个品种，都在成熟期：掌叶覆盆子最好吃；蓬蘽的量最大；还摘了满满一瓶山莓，是泡酒用的。等朋友上山了，“夜雨翦春韭，新炊间黄粱”，都是农家的滋味。最后斟上我泡的山莓酒，一举累十觞，该多尽兴，“天子呼来不上船，自称臣是酒中仙”。

苎麻也长了一路，古人穿衣多赖此物，而今长满山野无人采摘。鲜嫩的叶子上爬满了苎麻珍蝶的幼虫，还有苎麻双脊天牛也在取食。人迹罕至的地方，自然里的其他生灵可以欢畅地聚会，它们在这里生老病死，以循天道。

再走了五里，看见倾圮的亭子。浙南多山，山路以五里为一亭，既可标志路程，也供行人打尖休息。这条山路以往是盐道，自仙居城来缙云卖盐的行商都往来于此。自晚唐以来，海盐县熬制食盐，经椒江运至仙居城，以仙居为盐埠，贩盐的行商们翻过莽莽的括苍群山，将食盐运至内地。待返程时，他们的肩担上装满了缙云与磐安的药材，白术、元胡、浙贝母，皆从此处经行。

我不紧不慢地走着，捡拾的拐杖在石头上敲出笃笃的声响，如千年回响，只是斯人不再。但我能想见那时的山景：一队人马走过山岭，孤独而寂静，一亭又一亭。他们休憩，启程，“瀑顶桥形小，溪边店影寒”，不是诗意，而是山里人疲于奔波的日子。

走了十五里，整整三亭。在山涧边遇见了一大丛糯米团，这是我返程的标志。我有一个习惯，到了一个地方，总以植物为印记，比如大禹陵的龙爪槐，忠王府的文藤，抱朴道院的七叶树。每次爬山，会拍很多植物，但作为印记的总只有两本，一本是启程时，以为肇始；一本是结束时，是我抵达过的标志。

以糯米团为标志，且是水畔的一大片，绿意葱茏，让人容易有情感上的牵绊。谁让它生得如此粘连呢？

糯米团 *Gonostegia hirta*

多年生草本，生于丘陵或低山林中、灌丛中、沟边草地，在中国大部分地区皆有分布。茎蔓生，铺地或渐升，常常丛生，葳蕤一片。茎的颜色会变，下部常为绿色，上面嫩梢部分常为嫩红色。叶子揉搓后有黏液，如糯米。人可食用，亦可饲猪。

糯米团，也叫蔓苎麻，是荨麻科糯米团属的多年生草本。生于丘陵或低山林中、灌丛中、沟边草地，在中国大部分地区皆有分布。茎蔓生，铺地或渐升，故而常常丛生，葳蕤一片。茎的颜色会变，下部常为绿色，上面嫩梢部分常为红色，且是非常鲜嫩的红，极滋润的色彩。叶子的触感极强，有纸质的粗糙感，生有短伏毛，叶全缘。清晰而细碎的叶脉将叶片分割成一个个小块，交错纵横，如江南平原雨季中的稻田，一块接着一块，在小小的叶片中连绵远去。

糯米团的另一个特点是叶对生。两片叶子面对面地贴茎而长。有时候也会长出分枝，分枝从叶腋斜生而出，这是大多数草本植物的分枝方法，有节才能滋生出侧枝来。

它还有一个有意思的地方，摘下叶子用拇指和食指揉碎，会有黏手的汁液留在手上，就像捏着一小块糯米饭，我猜这也是其名字的来由。揉碎后的糯米团叶子有清香，闻着很舒服。

这种植物，光听名字就知道是可以吃的。和大部分野菜的吃法类似，采嫩梢入开水焯过，切碎，拌入香干丁装盘，淋少许热香油即可。也可炒食，是不错的野菜。我在山上待了很久，也吃了各种野菜，有的很苦，却并不觉得日子苦，反是觉得日日有云看，有书读，是幸福的日子。宋代和尚志芝也曾住在山上，也常常看云，他说：千峰顶上一茅屋，老僧半间云半间。昨夜云随风雨去，到头不似老僧闲。

何其闲适也！

柿子　寒秋的滋味

远处的村落轻烟袅袅，青瓦的屋顶上列着一排排晒簟，下树的柿子躺在晒簟里，糖霜发白，它们将变成炉火旁的蜜饯。

柿子

柿科 / 柿属

采食时令：秋季。

分布区域：原产长江流域，现中国大部地区都可以种植。野生柿树多见于向阳坡地。

村外的石崖上有一棵老柿树，小寒时节，柿子都收净了，只有最远的一截丫杈上悬着一枚红果，阳光落下来，果上的白霜泛着银色的毫光，如冬霜一般冷肃。

这些日子，农人挑着担子从崖下过，学童晨读从崖下过，老牛暮归也从崖下过，他们看了看这枚遗落的柿子，没有说话，连飞鸟都不来啄食。柿子就这样孤零零地挂在梢头，远处的村落轻烟袅袅，青瓦的屋顶上列着一排排晒簟，下树的柿子躺在晒簟里，糖霜发白，它们将变成炉火旁的蜜饯。

我想，这枚柿子是伤心的，它在等待着一场风雨，然后落下山崖，果肉四溅。但它又怀着希望，也许种子能被枯叶掩埋，再长出新的树来。

过了石崖，便是下山的路，粗粝的石块一级一级地铺向山下，农夫挑着菜下山，有时候担子里是鞭笋，是锥栗，是软了的柿子。天色向晚时，担着两筐斜阳回来，兜里揣着皱巴巴的纸币。

知曰兄，我住在山上，每日就看这样的风景，看山里人的生活。我是从山里走出来的，爱这样的日子。我每天在山里走，野甘菊在路边开满了花，黑足熊蜂在花上采蜜；油茶也开花了，白白的落了一地；红豆杉和南天竹的果子都是红的，一个是糯米的甜，一个有毒却可瓶插，这是造物者的小心思，万千众生，皆有不同。

但我最爱的，还是残留在梢头的红柿。

柿子树在山村极为常见，一是因为树贱，好养活，荒山野地就能生长，还能结出许多果子来；二是因为可果腹，柿子的产量大，太平盛世是甜点，饥馑之年却可活人；第三，大约是为了好看吧。

我在许多老村都见过柿子树。一次是在安吉，一座竹林间的破落小院，院子很老，土坯墙已经坍塌了一半，蛛网纵横，衰草披靡，是很萧索的秋景，前途亦无路，若是阮籍见了，定要大哭一场。

幸好，柿子红了，是吉庆的颜色。院子无人居住，柿子任鸟啄食，红的果皮与果肉落在地上，苍蝇和蜂聚在上面忙碌着，这是大地在赏饭吃。

还有一次是在余姚四明山的柿林村，村子以柿林为名，可见柿树之多了。

余姚位于浙江省宁波市，宁波有两个地方颇具文名，一个是城里的天一阁，藏着影印版的四库全书；一个恐怕就是余姚了，中华文明起源之一的河姆渡遗址就在此处。余姚的得名也简单，就是一水一山，水是北边的姚江，山是南边的句余山，也就是而今的四明山。

柿林村就藏在四明山的丹山赤水景区之内，村是古村，自始祖沈氏太隆公筑室以来，已历六百余年，其间多少兴废事，而桃源犹在。明代沈明臣，是胡宗宪的幕僚，亦是余姚子弟，他有一篇《四明山游记》，其中就写了柿林村的样子：

> 登一小岭，绕而南出，乃一旷土，宽数十亩者，有沈氏居焉，地曰“柿岭”。家户业纸，居后山如屏。少憩，买酒饷舆。野老一人，欣然出酒肴相劳者，乃为三酪而起……

我去的时候已是寒露时节，柿子正红，山下人多有慕名而来者，人音不绝如缕。在山脚的丹湫谷吃过饭，顺溪流而上，便是柿林古村。村子真老，藏在山腹里很小的一块台地上，崖上崖下种满了柿子，叶子都落光了，只剩下火红的果挂在枝头上，高下相望。背景是萧瑟的山水，是黛瓦白墙，历历入画。

村子里有一株柿子王，已在人间历世六百载，至今还能结果三百余斤，很是健旺。农村人喜欢在老树上挂红的绸带，叫披红，时间久了，沾满尘埃，很碍观瞻，这株老柿王也逃不了披红的命运，年复一年，枝上的布条可以做出好些新的墩布。

老柿王下是村集，各家的柿子、板栗、鸡蛋、笋干都拿到树下卖。还有卖番薯干的，番薯剥掉皮，架着炉子现烤，番薯味重，很快就盖住了所有的味道。这里的番薯是黄心品种，又糯又甜，外面一层烤得焦焦的，让人直流口水。许多游人上山，是看够了柿子，吃够了番薯，我也一样。

柿子装在箩筐里，摆在竹筛里，很好看。这里的集市还有一个特点，就是不叫卖，也不过分招徕客人，我上去几次，阿姨都是笑眯眯地看你一眼，轻轻地说："歇一下？"很有人情味儿。坐了别人的凳子，你总要尝一尝的，况且滋味那般好。

柿林村的柿子有三个品种：

一个是普通的软柿子，很大，像熟透的西红柿。我们常说柿子要捡软的捏，大抵指的就是这一类，生的时候极涩口，熟了才好吃。

一个是脆柿，也叫日本甜柿，是从日本引进来的，在余姚、台州一带种了不少。我早些年做农业，搞过一阵子新品种引进，也种了十几亩的脆柿，只是还没挂果我就改行了。果农不易，栽苗到收果，得熬上几年的工夫。我在山下的丹湫谷吃饭，饭后，柿子林的主人菜菜端上来两个青黄的柿子。柿子旁放着一个刨子，脆柿是不软的，熟的时候青黄色，刨了皮就能直接吃，嘎嘣脆，有生番薯的味道。饭后吃一个，能消食，但不能多吃，胃受不了。

还有一个品种就是柿林村最有名的丹山吊红了。"吊红"的名字好听，隆冬时节，叶子都落尽了，只有一串串红的柿子吊在枝头上，可不就是吊红么？

柿 *Diospyros kaki*

高大落叶乔木，原产我国长江流域，喜温暖气候，在阳光充足的地方也能耐寒。耐瘠薄，抗旱性强，但不耐盐碱土。柿树多数品种在嫁接后 3 ～ 4 年开始结果，10 ～ 12 年达盛果期，实生树 5 ～ 7 龄开始结果，结果年限在 100 年以上。果实脱涩后可食，未成熟的果实可提取柿漆，用作防腐剂。

丹山吊红个头不大，和鸡蛋相仿，不喜欢吃水果的人尝尝鲜，一个正好。

柿子是中国的本土水果，早在公元前8000年，我们的祖先就在采集这些果子了。浙江省浦江上山的遗址中就出土了柿子核，该是明证。春秋时，柿子就开始作为水果入祭礼，奉君王，估计是那时候水果少，故而显得珍贵。在许多文献里，对柿子的美味都评价很高。南朝时候的梁简文帝萧纲，他的父亲是几次舍身寺院，让大臣花钱赎回来的梁武帝，兄长是极有文才的昭明太子。有一次，昭明太子送了一些柿子给萧纲，萧纲回了一个谢表，叫《谢东宫赐柿启》，其中这样写道："悬霜照采，凌冬挺润，甘清玉露，味重金液。虽复安邑秋献，灵关晚实，无以疋此嘉名，方兹擅美。"一句"甘清玉露"，该是对柿子的最好品题了。

寒露之后，柿子都入仓了，晒在竹匾里，是带着糖霜的柿饼。菜菜在柿林村操持的这家民宿叫"柿子红了"，我和她只有一面之缘，对话亦不多，却能感受到她待人的周到。此时节去她那里喝茶，席上想必是少不了一碟柿饼的，这是山里人家的味道。河南人会将柿饼上的糖霜敲下来，再熬成柿霜糖，薄薄的小圆片，橘黄色，吃起来又凉又细腻，可以治口疮。鲁迅在《马上日记》里曾提到这方小糖，大先生贪嘴，他说："夜间，又将藏着的柿霜糖吃了一大半，因为我忽而又以为嘴角上生疮的时候究竟不很多，还不如现在趁新鲜吃一点。不料一吃，就又吃了一大半了。"

除了柿饼、柿霜糖，北方还有冻柿子，我没吃过。北方冬季严寒，冰天雪地，柿子、梨子、葡萄皆可冻，渐渐也就成了一种风味，江南人难以享受。

柿子属于柿科柿属，是落叶乔木，据说柿叶秋红后很美，我一直没见过，总是一早就落得光光的。老太太拿着畚箕扫回家，可以点火。我带孩子们去自然里上课，也会捡拾各种树叶，法国梧桐、马褂木、珊瑚朴，捡了一大堆，可以写字画画。

这一招，是我学古人的。明代萧良有，是万历二十三年（1595）的国子监祭酒，相当于现在的教育部长，他编了一册孩童启蒙读物，叫《龙文鞭影》，其中有两句话说的就是用叶子写字的典故：郑虔贮柿，怀素栽蕉。

怀素是唐僧的弟子，有“草圣”之名，常以芭蕉叶练字，故而留下“怀素栽蕉”的典故，世人皆知。郑虔的名气就要小一些，他表字若齐，是开元进士、盛唐高人，他懂音律，通经史，对医药也有研究，写过一本《胡本草》，还编撰过历史书，人称“广文先生”。此外，由于他诗、书、画俱好，玄宗称其为“郑虔三绝”。就这么一个厉害的人，取了一个发财的名字，却穷困潦倒一辈子。杜甫是他的知己，多有诗文唱和，其中有一首诗是杜甫写给他的——“才名四十年，坐客寒无毡。惟有苏司业，时时与酒钱。”苏司业是宰相苏颋，和郑虔是忘年之契，不仅提拔他，还给他酒钱，也是乱世温情。

郑虔早年间比这还穷，居长安大不易，学写字而无纸，境况潦倒。有一次得知慈恩寺贮有柿叶数屋，就跑到庙里借住，每日取柿叶练字，时间长了，几屋子柿叶竟被书写殆尽。

现在纸便宜了，写字的人却不多，大家都用上了电脑。可草木情怀犹在，知曰兄，你要是收到了一筐柿子，里面有柿叶书帖一封，该会很高兴吧？

橘子　奉橘三百枚
橘子树每年四五月开花，花极洁白，一朵朵藏在绿叶里，不显眼。但花香非常好闻，只要静静地闻过一次，就能留在人的记忆里，也许再难忘记。

橘子

芸香科 / 柑橘属
采食时令：秋季。
分布区域：多生长于秦岭以南，很少有半野生。

汪曾祺在回忆老师沈从文的时候，讲了这样一个故事："有一回我去看他，牙疼，腮帮子肿得老高。沈先生开了门，一看，一句话没说，出去买了几个大橘子抱着回来了。"

牙疼吃橘子，我在别处是没见过的，故而此一节过目不忘。他二人师生情深，是一辈子的事。还有一回，七十多岁的沈从文去助手家送资料，先去汪曾祺家，汪曾祺让老头过一会儿来吃饭。他是美食家，那天做了一只烧羊腿，一条鱼。沈从文回家后，一再向三姐称道，"真好吃"。

后来，沈从文去世，汪先生去参加遗体告别，久久不愿离去。他说，"我看他一眼，又看一眼，我哭了"。看到此处，心生悲戚——这个时候，他已年届古稀了。

斯人已去，留给汪曾祺的，是一餐饭食，一怀橘子。

我是不大吃水果的，零食也不吃，不是不爱，而是小时候没得吃，渐渐也就没了吃的习惯。但于三样东西总是割舍不下，橘子、西瓜、猕猴桃。

小时候在山村，西瓜是自家地里种的，中午收工摘一个，用竹筐盛着浸到井里，古人说“浮瓜沉李”，大概就是如此，能消酷暑。猕猴桃生在山上，孩子们都记得它的位置，时节到了，摘回家藏在米缸里，三五天就可以吃。老家不产橘子，但常有跑街的拉着车子来卖，一斤棉花头可换两斤橘子，这对山里孩子是最大的诱惑。我是最规矩的，从不会偷自家的好棉花去换，只能老实地去田里抠摘剩下的棉花。

辛苦两天，换小半篮橘子。那时候的秋天真蓝，能看见白云上的飞鹰，橘子也甜得要命。

每年橘子上市，我总要买一些尝鲜，但难有儿时的味道。去年八月末过千岛湖，中途停车在一座荒废的码头玩水，一个老伯正好划船去江心岛摘橘子，便带我一同前往。一时高兴，连鞋子都来不及穿便跳上了船，一路上白云落入水中，又被水浪揉碎；阳光晒在身上，却一点也不灼热，这种感觉是游船难以比拟的。

到了江心岛，弃舟登岸，才发现这一带都是红砂岩，下午三点多，炽热滚烫，鞠一捧水撒上去能冒起一股白烟。我赤脚上岸，一路跳着走，滋味并不好受。那时候橘子还是青的，偶有泛黄，我一连摘了几个，鲜则鲜矣，却并不很甜。

柑橘 *Citrus reticulata*

小乔木，品种品系甚多且亲系来源繁杂，有来自自然杂交，有属于自身变异（芽变、突变等），也有多倍体的。单身复叶，翼叶一般比较小，有的仅有痕迹。春末夏初开花，花香纯正，极好闻。深秋果熟。

老伯摘了两大筐，有贩子收走卖到城里去。“这么青，能吃么？”“放两天就黄了。”

回到岸边，临走时老伯往车上塞了好多橘子，我到底还是一个没吃。总想着等它自然成熟时，我能再路过，尝尝它如蜜一般的甜味。

吃橘子，是要懂得时令的。王羲之就是懂橘之人。

有一阵子，我喜欢看他的帖，大部分帖是他和朋友之间写的便条，三言两语都是生活琐事，却极有意思。其中有个《奉橘帖》，是他在给人送的一筐橘子里的留言：奉橘三百枚，霜未降，未可多得。意思是说，奉送橘子三百枚，由于霜降还没到，就没有多采。

橘子不到霜降，总是皮不够黄，捏起来很硬，酸味太浓，采掉是可惜的。很多植物都这样，比如柿子，还有番薯、青菜都是经霜的才好吃。

王羲之晚年退隐嵊州，建了一座很大的庄园，优游无事，除了含饴弄孙，便是耕读稼穑了。他种了很多水果，成熟了便摘下来一家家给朋友送去，是极悠闲的。他在给吏部郎谢万的信中这样写道：

> 顷东游还，修植桑果，今盛敷荣，率诸子，抱弱孙，游观其间，有一味之甘，割而分之。

文人种田，送个橘子，要包种子，都会写个条子，变成了一个个千古名帖。除了《奉橘帖》，《来禽帖》也很有意思：

青李、来禽、樱桃、日给藤子，皆囊盛为佳，函封多不生。

这是他向四川刺史周抚要种子时写的信，意思是这些种子寄过来的时候要用布袋装好，如果密封得太厉害，种子都闷死了，大多都发不了芽。

垂垂老者，唯以农事为大。

后来，他儿子王献之也遗传了给人送果子的家风。王献之有个《送梨帖》，短短十一个字，行中见草，极有味道：

今送梨三百。晚雪，殊不能佳。

他们父子送礼，都喜欢三百之数。信的意思是现在送三百个梨给你。雪来得比较晚，天气实在不大好。三百个橘子吃吃是比较容易的，三百个梨，得吃到什么时候！

写下这段文字时，橘子已经上市了，我尝过一次，大不满意。必须待到十月后，方可多食。

橘子是属于芸香科柑橘属的常绿植物。天生草木，且让它结出可口的果实来，真是动物的福气。但前提是你得认识它。柑橘属的植物很好识别，柑橘叶是单身复叶，翼叶一般比较狭窄，有的仅仅留下一点痕迹。叶子厚实，四季常绿，看着就不怎么好吃。但有一种昆虫拿它做寄主，柑橘凤蝶常常把卵产在柑橘属植物的叶背上，幼虫出生了，就以柑橘叶为食，直至化蛹。每年夏天，我

橘子花

有不少学生会在家里养柑橘凤蝶，每周都要出去采集柑橘的叶子，存在冰箱里。养出来的蝶比蚕茧里飞出的蛾子好看很多。

橘子树每年四五月开花，花极洁白，一朵朵藏在绿叶里，不显眼。但花香非常好闻，只要静静地闻过一次，就能留在人的记忆里，也许再难忘记。很多香水里面也有橘子花的成分，人们总想把草木的香味留在身上，这是自然赐予的能量。

不爱吃橘子的人应该是少的。但并非柑橘属的植物都好吃，香橼、香泡就不怎么样，中看不中吃，果肉或酸或甜，或有苦味。我们素日吃的橘子都不是柑橘原生的样子，而是甜橘类的栽培种，仅这一类就品系极多，好在只要正常成熟，口感都不错。我尤喜江西南丰和浙江涌泉的蜜橘，是人间美味。

笋

食冬笋

冬笋挖出山，需要立马进厨房，吃的就是一个鲜字。放久了，笋会变硬，据说能长出竹根来。这话夸张，但也说明不宜久放。

笋

禾本科 / 竹亚科
采食时令：春季，早夏，冬季。
分布区域：大部分生于长江流域及其以南区域。

吃笋是南方人的惯事，北方竹子少，少有笋可吃，这一点，我常为北方人扼腕。以前有个朋友是皖北人，有一次去丽水的一座山谷玩，周遭皆竹林，浩瀚如海，他很长时间合不拢嘴，说是第一次见着这么多竹子。

我长住在杭州，见到过很多处的竹海，却也总看不腻。有好多次带孩子们去自然里上课，都是去的安吉或者天目山，那里竹子多，一座山连着一座山，苍苍莽莽都是竹林，推窗可见翠绿，能听见风过竹林的声音。有一次留宿安吉山村，下了雪，天地苍茫，那一夜简直舍不得睡！虽已过经年，还是难以忘记当时的境况。

竹林是听雪的好地方，白乐天说，“夜深知雪重，时闻折竹声”，真是形象。竹子怕雪，尤其是大雪，能毁了竹园。那次幸好不是暴雪，竹梢上存雪不多，一阵风过，雪从竹叶间坠下，轰然有声，再而后扑扑簌簌，绵延不绝，我总疑心是天公作法，正在撒豆成兵。

竹与雪，是绝配。古人赏雪，大漠江南各擅胜场；而论听雪，却非竹林不可，除了折竹有声，还在于不俗，为高士所爱。《世说新语》里有个雪夜访友的王子猷。王子猷居山阴时，遇大雪，雪夜行舟往访戴逵，划了一夜的船，次晨方至。可他不进门，只在门口站了一会儿又划着船回去了。乘兴而来，兴尽而返，是魏晋风骨。

王子猷便是王羲之的儿子王徽之，是高士。在东坡、郑燮之前，属他最爱竹子。王子猷曾在朋友的空宅借住，便令种竹。有人问他："暂住而已，何必这样麻烦呢？"王啸咏良久，直指竹曰："何可一日无此君？"

此身如寄，却依旧爱着这世间的每一株草木，每一个雪夜。我是愿学王子猷的，生活很冷，却可为诗。

我的老家在赣北彭泽，高中之前，都是住在一个离长江很远的山谷里。有多远呢，从县城出发大概一百里路，这一百里的距离里，隔了不知道多少重山。小时候，我站在门口的晒场上看山与天相接的那道线，总觉得自己是站在荷花的莲房上，这里是中心，此外的重重群山是一片片莲瓣，一直连绵到百里外的江边。那条江，是长江。

这么多山，竹山却不多。幸而我家屋后面有一点，竹和杂木生长在一起，谁也占不了谁的地盘。逢着冬雪夜，我坐在火盆前看书，能听见"咔嚓"的一

竹亚科　Bambusoideae

全世界竹亚科植物大约 150 属，1225 种，萌发的新芽都是竹笋，中国食用最广的是毛竹笋。竹笋长大后植物体木质化，生长为竹子，可做建筑材料或造纸。花期不固定，一般相隔很长（数年、数十年乃至百年以上），某些种终身只开一次花，花期常可延续数月之久。

声巨响，继而是簌簌的雪声。清晨打开后门，松树依旧挺拔着，竹子却很狼狈，被压弯了身子，被折断了枝干，真是遭了灾。

被压折的竹子不能留在山上，农夫上山一棵棵砍了，给地里藏着的笋留出空间来。这些笋，是冬笋。

去年冬天，我去菩提谷，一群人坐在壁炉前喝茶，窗外百草凋敝、竹林萧萧，我蓦然想起冬笋来。江明说：“今年是小年，外人是不准挖笋的。”我很失望。他又说：“弄点自己尝尝总可以的。”这是欲扬先抑，能给人惊喜。

安吉、余杭一带有规定，每亩竹林的留笋量是一定的，冬笋量大就是大年，得多挖掉一部分，剩下的就是来年的春笋，能长成竹子；冬笋量小就是小年，整个片区都禁挖，否则会影响来年的竹子数量。所谓可持续发展，大概也就是如此。

进了竹林，我拎着锄头四顾茫然，所见者不过是林立的竹子、高耸的竹梢，还有被竹梢圈起来的一小片冬日的天空。江明走在前面，他抬头看看，又用锄头在一堆竹叶上捣了两下，说“有了”，几锄头下去，便真的有肥嫩的笋露了出来。

江明挖笋很讲究，一根竹鞭上的笋，只取一两个，绝不多取。挖完后又将土回填进去，依旧覆上竹叶，和没挖过一样。在山里长大的人，吃的是靠山饭，故而对山林也多有慈悲，这一点很让我感动。

冬笋挖出山，需要立马进厨房，吃的就是一个鲜字。放久了，笋会变硬，据说能长出竹根来。这话夸张，但也说明不宜久放。江浙人嗜食冬笋，每年过年，年饭上要有一道腌笃鲜，故而笋价总会在除夕那几天一路高涨，最贵时能卖到三十块钱一斤，比肉贵。

腌笃鲜是杭帮菜里的名菜，上海本帮菜里也有，做法不知道有没有区别，在我吃来是一个味儿——都好吃。做法也简单，是一道花时间的菜。腌肉切小薄片，五花肉切块，加姜片一起放在砂锅里炖。至肉半熟时，冬笋切滚刀块，推入肉汤中，小火慢熬。一道菜下来，总得两三个小时，心急出不了好滋味。我喜欢做这样的慢菜，它自慢慢地炖着，我在火旁看书，看得倦了，汤也就熬好了。

腌笃鲜的名字取得好，腌是指咸肉，鲜是五花肉和冬笋的鲜香，而小火慢熬，气泡在砂锅里咕嘟嘟地冒着，可不就是“笃”么！待“笃笃”之声停歇，揭开锅盖，汤白汁厚，腌肉是绛红色的，冬笋的颜色最是娇艳，似葱白，似翡翠，却又不尽是，撒上几段葱花，是冬日的江南。

还有一道菜，炒二冬，用的也是冬笋。这道菜南北皆有，但用料不一样，北方的炒二冬，炒的是冬笋和冬菇，虽是素菜，但这两味都是外地调运来的，故而价格不菲。

杭州的炒二冬用的是冬笋和冬腌菜。冬腌菜是用长梗白菜腌制的，叶少梗多，适宜爆炒。老杭州一直有做冬腌菜的习惯，至今不衰。据说早些年，杭州女子出嫁，娘家要陪一个腌菜坛子；后来多年媳妇熬成婆，农村人变成了城里人，还是改不了做腌菜的习惯。冬腌菜在腌制之前，要晒一两个日头，没有了院子，就在阳台上晒。很多老的小区，冬日里从楼下望上去，挂满了白菜，也是一道风景。

杭州人还喜欢吃油焖笋，笋切滚刀块，下锅爆炒，加酱油老酒，少量红糖，没什么诀窍，就是盖锅焖着，三五分钟收汁后即得。我是外乡人，一直吃不了这道菜，总觉得笋应该是清清白白的，失了颜色就少了一分滋味。

熬过了严冬，便是春笋的季节。村妇挖笋数担，食不尽，便晒成笋干，或做腌笋，能吃一年。每年春天，我带着学生去安吉游学，总住在山里。有一次，我们去野外做了一场春宴，所食皆是自己采摘的野花野菜，诸如紫藤、薤白、马兰之属。山里笋多，我教他们扫竹叶枯枝一堆，现挖的春笋扔进去煨熟，殊为鲜美。这是《山家清供》里的吃法，名为“傍林鲜”。

如诗

自古以来，草木就受到人们的喜爱，所以《诗经》和《楚辞》中到处是植物的身影。《采薇》中的薇菜，《蒹葭》中的蒹葭，《离骚》中的杜蘅与芳芷，这些植物的美丽构成了中国诗歌史上浓墨重彩的一笔。

栌兰　草木滋味
栌兰花好看，古老的村落多是黑白素色，
突然发现一抹粉红，是很让人兴奋的事情。
花很小，直径一厘米不到，星星点点的，
却因为密集，显得尤为娇艳，灿若春霞。

栌兰

马齿苋科 / 土人参属

观花时令：6—8 月。

分布区域：我国中部和南部均有栽植，有的逸为野生，生于阴湿地。

在《朝花夕拾》里，鲁迅先生有这样一段话，我深以为是："我有一时，曾经屡次忆起儿时在故乡所吃的蔬果：菱角、罗汉豆、茭白、香瓜。凡这些，都是极其鲜美可口的；都曾是使我思乡的蛊惑。后来，我在久别之后尝到了，也不过如此；唯独在记忆上，还有旧来的意味存留。它们也许要哄骗我一生，使我时时反顾。"

写这段话时，鲁迅正流离于广州，山河变色，故乡正远。对于一个钢铁般的汉子，半生颠沛之后，心中最软的记忆，却是家乡的味道，那种要哄骗他一生的味道。

我在良渚一个未拆迁的村落里等乡村巴士的时候读到这些文字。那时已经暮合四野，杂乱无章的建筑组成了一片莽莽森林，幽暗无序。只有道路两旁高大的水杉树是整齐的，像仪仗队，沿着水泥路一直向前延伸，最后消失在远方的黑暗里。昏黄的路灯透过稀疏的枝丫打了下来，落下一地的斑驳。乡下没有车站，只有一块公交牌松松垮垮地挂在电线杆上，风一吹，哐哐当当，让人觉着浑身一紧——这初冬的夜，真冷！路上行人极少，只有一些电瓶车来来去去，每个人都包裹得严严实实，急匆匆地赶着回家。在这样的冷夜里，唯一让人觉着温暖的，也许就是路边的小院了。

说是小院，其实是一片用绿色铁皮围起来的小场地，里面有两间用空心砖搭成的临时低矮建筑，建筑里住着一对收废品的中年夫妇。

我每天同样的时间在小院门口等车，要么看手机里存的书，要么就看他们的生活。天已经黑了，可小院的门总是开着，屋里灯光很暖，新闻的声音和广告的声音交替响着，历历可听。男人总是在院子里分拣纸板和塑料瓶，把它们扔上去，堆成一座座小山；女人就在房子里烧饭，叮叮咚咚的，热气腾腾。没有人说话，场景却十分热闹。

我站在路这边，肚子已经很饿了，却总能闻到各种熟悉的味道。比如海带炖排骨，比如蒜苗炒腊肉的味道；有一天女主人肯定在熬油渣，那香味，就像小时候妈妈在厨房里熬的一样；还有一天，飘出来的是粉蒸肉的味道，加了姜丝的那种，我想，很适合我这种重口味的人……

无论是什么味道，我总能想起儿时故乡的厨房与餐桌，一如鲁迅想起故乡的蔬果。我们走了太远的路，一直走到了天涯海角；我们走了太长时间的路，一直走到两鬓苍苍；可无论何时何地，舌尖留恋的，无非是记忆里的家乡。

还有一次，是冬至节。女人烧好了饭，一边等男人吃饭，一边收拾院子。身影挪动到墙角的时候，惊呼了一声："呀，你看，还在开花！"

"嗯。"男人瞥了一眼，又低下头继续收拾纸板。

"真不怕冷呵，老家听说都下雪了。"女人一边自顾自絮叨着，一边伸出粗壮的手指，掐下了纤细的花枝，攥在手里，拢共不过三五枝，正开着极少的花朵，是栌兰。

她从地上捡了一只矿泉水瓶子，高兴地小跑回屋里，不一会儿，栌兰摆在了低矮的饭桌上。这是我见过的最温暖的插花作品。因为一瓶花，这顿饭的味道便与旁的不同。经年之后，他们终会回到自己的家乡，在想起这座小院的时候，也定会记得这束冬至夜里的栌兰。

后来，我又多次见过栌兰花，自春到夏，到深秋，我都见过，却再也没见过它冬天开花的样子。查《中国植物志》，说花期是6—8月，这指的应该是大概率事件，气候总会和植物开玩笑，很多人在冬日里见过海棠开花。

栌兰这个名字好听，有点诗经楚辞的味道，但它还有一个名字就很土，叫“土人参”，一股浓郁的乡土风，也说明在一个经常闹饥荒的国度，植物可食是多么重要。

它是马齿苋科多年生草本植物。马齿苋科人丁稀少，只有两个属，一个是马齿苋属，农村菜地里经常见到的野生的马齿苋就是这个属的，农妇采回家晒干，是很好吃的干菜，蒸肉特别好；还有一个就是土人参属，这个属里，我国只有一种植物，就是土人参，即栌兰，而且是从美洲引进栽培的，后来逸为野生，就放浪于山野之间了。

马齿苋科大多数植物都有一个特点：叶子肥厚。栌兰的叶子扁平，肉乎乎

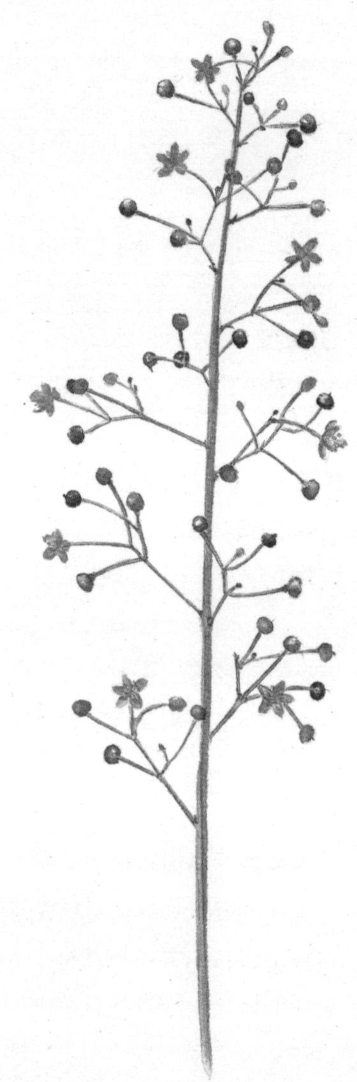

土人参 ***Talinum paniculatum***

一年生或二年生草本植物，茎叶都有点肉质，可作蔬菜吃。夏季开花，花小，红色。根可以煲汤。原产热带美洲。

的，几乎看不见叶柄，和八宝景天的叶子类似，只是叶缘没有锯齿。马齿苋可以吃，栌兰也可以吃。我在浙江的许多古村，绍兴的安昌古镇、千岛湖的芹川、缙云的葛竹村，都曾见到它。

古村不仅有老房子，也有老的原住民在这里生活着。江南人精致，家家户户都种了点花草，有小日子的味道。

种花的花器随意摆放着，器形也有趣，无论是井栏边，还是石垒的院墙上，总出其不意地堆放着一些陶瓷、瓦罐、破旧的水桶，还有石臼和废弃的猪槽。器物林林总总，里面的植物也千奇百怪，从葱到牡丹花，以及小铁树之类的都能见到。只要隔壁有好的，就移一株来，不像城里的年轻人，只能去花鸟市场。

我喜欢这种物物交换的方式，植物能接地气，也好养活，最主要的，是有人情味儿在里边，你借我两根葱，我还你一头蒜，几户人家就这样处着，日子天长地久。元代人唱小曲，说“共几个田舍翁，说几句庄家话。瓦盆边浊酒生涯，醉里乾坤大”，大概也就是这样的日子。

在这样的村落，花盆里种栌兰，就像种葱种蒜一样寻常。这种东西，城里不易见，一到乡下，连石头缝里都能开出粉红的花来。厨房烧菜，缺了一碗汤，

可以摘一把土人参的叶子，味道不赖，滑滑的，有点木耳菜的味道。也有清炒的，但要摘嫩茎嫩叶，老了会很糙，难以入口。热锅下猪油，不需要老姜大蒜炝锅，怕抢味儿，直接下栌兰叶子，翻炒出锅即可。这种菜，几年吃不上一盘子，也就是尝个味道，乡下人绝不会以它待客，若有人请我吃一次，当引为知音。

这两年夏天都带学生们去缙云的葛竹村上课，村里有一面石垒的墙壁，石缝里生满了栌兰，颇为壮观。石壁下有一老宅，我每次经过，门口都傍着一个老妪，满头白发，穿戴齐整。我问她："奶奶，这些花儿是谁种上去的？"

她笑眯眯地看着我："自己生的。"

是自己生的么？我觉得是。虽然里面必定有鸟的功劳，有孩童的功劳，它（他）们或啄食，或玩耍，都在不经意间帮栌兰传播了种子，但最主要的，还是需要栌兰自身具有强大的生命力。农人给它一盆土，它便安然地活下去，还农人一盘菜、一捧花。

栌兰花好看，古老的村落多是黑白素色，突然发现一抹粉红，是很兴奋的事情。花很小，直径一厘米不到，星星点点的。却因为密集，显得尤为娇艳，灿若春霞。雄蕊比花瓣要短，顶着明黄的花药，是花朵里最常见的红黄配，看着很舒坦。

花后立即结果，果亦星星点点，似花苞一般。果未熟，新苞又生，一茬一茬连绵不绝。

孩子们爱栌兰花，想带回家，手工老师就教他们一个法子。每人摘三五朵花，或几颗果子，放入配制好的 AB 胶中，用模子做成栌兰的吊坠，穿上绳戴在项上，你看看我的，我看看你的，他们互相攀比着，真欢喜。

这是童年的味道。

紫苏　饮子里有光阴的味道

我种的紫苏总是自生自灭，第一年还是成行成列地长着，到了第二年，就密密麻麻地长了一片，完全没有下脚的地方，远远望去，是一片紫色的云。道家说，紫气东来，大概也不过如此。

紫苏

唇形科 / 紫苏属
采摘时令：春夏可采食叶子，入秋收种子。
分布区域：全国各地广泛栽培，野生多见于村庄路旁及林道。

宋人喜欢喝饮子，这一点在张择端的《清明上河图》上可以找到例证。在这幅五米多长的画卷里，最少有两处是有饮子摊的，一是在画中很醒目的虹桥桥头，有两把古雅的青布大伞在撑着，伞下悬着一块长方形木质店招，上书“饮子”二字。还有一处在“久住王员外家”隔壁，也是两把青布大伞，当街列凳堆垛，一悬“饮子”，一悬“香饮子”，这是古时常见的贩夫走卒的生意。

顺便提一下，“久住王员外家”就是旅店，“久住”是宋时的旅店业行话，估计这家店主姓王，离它不远处，还有一户“久住曹二家”，他们是同行。宋朝商业发达，也少有夜禁，有吃有住，这是古时很多朝代羡慕不来的。

饮子，也叫汤饮，应该是如今饮料的肇始，隋唐时在贵族间就已风行，只是民间不多。到了宋朝，就变成文人和庶民的日常，不分阶级了。读宋诗，东坡有一首就提到了饮子，全诗如下：

一枕清风直万钱，无人肯买北窗眠。
开心暖胃门冬饮，知是东坡手自煎。

这首诗应该是个便条，文人送礼收礼，多会附带一张便条，写明原委或答谢，是一唱一和的雅致，也是对朋友的尊重。这些便条流传下来后，有的成了手札，成了名帖，比如王羲之的《奉橘帖》、王献之的《送梨帖》；有的就成了世人传诵的诗句，比如这首诗。

这是东坡生命末期的一首诗，题曰《睡起，闻米元章冒热到东园，送麦门冬饮子》。米元章即是小他十四岁的米芾。

建中靖国元年（1101）农历六月，贬谪海南的东坡奉诏北归，于真州东园小住两月，恰巧米芾就任于真州发运司，旧友相逢，自有不胜之喜，米芾冒暑送来了麦门冬饮子。东坡被贬岭南多年，亲友久不见面，再逢此等盛情，心中滋味恐非诗书所能言尽。

紫苏 *Perilla frutescens*

一年生直立草本。茎四棱形，有细小的槽。紫苏叶片有三种，一种两面都是紫色，一种两面都是绿色，一种一面紫色一面绿色。这三种皆可食用，是常见的香料。夏秋开花，花冠白色至紫红色，秋冬种子成熟，亦芬芳。

麦门冬饮子是用中草药配伍而成的一种冷饮，主要成分有五味子、知母、甘草、栝楼仁、人参、干葛、生地黄、茯苓和麦冬，是能解暑毒的，可惜寒凉。东坡与米芾又是聚酒饮宴，又是大喝消暑的饮子，后来就开始闹肚子，得了痢疾，在给米芾的信中，他说：

两日来，疾有增无减。虽迁闸外，风气稍清，但虚乏不能食，口殆不能言也。

此后两个月，东坡别真州；又一个月，客死常州。

现在看来，门冬饮子该是代茶饮子，可以当茶喝，但属于药汤一类。古人遵循药食同源，这两者一直没有明晰的界限。还有一味饮子，叫紫苏饮，就是真正的饮料了。

南宋人陈元靓有本书，叫《事林广记》，从礼仪、曲艺、巫蛊、日常生活、医学以及器物等方面记录了古人的日常生活，其中就有提到紫苏饮子：

仁宗敕翰林定熟水，以紫苏为上，沉香次之，麦门冬又次之。

大概的意思是，宋仁宗敕命翰林院，让他们评定汤饮的品次，评定下来，紫苏饮排第一。紫苏饮，顾名思义，就是用紫苏做的饮料，有许多中国唐宋的传统在日本保存得比较好，紫苏饮应该就是其中一个。具体做法也不难，明代高濂在《遵生八笺》中详细介绍了它的做法：

> 取叶，火上隔纸烘焙，不可翻动，修香收起。每用，以滚汤洗泡一次，倾去，将泡过紫苏入壶，倾入滚水。服之，能宽胸导滞。

简单说来，就是把紫苏叶放在纸上隔火烘烤，用滚水洗泡一次，再冲入滚水泡着喝。我常怀疑它的味道，仅此似乎不足以占鳌头，兴许在宋时会加糖吧。

紫苏可饮，但更多是作为香料来使用的，日本人尤擅此道。在日本料理店就可见到鲜紫苏叶包裹的生鱼片，或是紫苏叶天妇罗，卖相极好。西餐也用紫苏，100 多年前，紫苏被引入欧洲时，欧洲人给它取名为“beefsteak plant”——牛排草。但是在做牛排时，紫苏多是鲜用，点缀在酱汁浓厚的牛肉上，是一种视觉享受。香料入馔，讲究的不仅是口感，还有精致，这一点是有别于中国厨房的。

中国厨房也用紫苏，烧鱼或者烧螺蛳时最常用，一大把鲜叶扔进鱼汤里，可以除腥解腻，比葱姜蒜要好。金秋时节螃蟹正肥，在蒸笼里铺一层紫苏，螃蟹覆其上，这样的做法才正宗。不仅是除腥，紫苏性温，还可中和掉螃蟹的部分寒性，是养生的吃法。

我吃紫苏较少，却种了很多紫苏。这种唇形科紫苏属的一年生草本极易种植。春来播种，除了除草外不用过多打理。入秋开花，花后结果。我在宁波四明山见过农人采收紫苏，都是整株采收，然后将干枯的花序揉碎，即是香料，很少见到过筛分拣的。

我种的紫苏总是自生自灭，第一年还是成行成列地长着，到了第二年，就密密麻麻地长了一片，完全没有下脚的地方，远远望去，是一片紫色的云。道家说，紫气东来，大概也不过如此。

除了紫色的，还有一种绿色叶子的，叫白苏。白苏本已很好听，但还有一个名字更雅致，叫“荏苒”。这种一年生草本春种秋收，枯荣一季，记录着先民耕种的时光，也见证了几千年的春秋往事、王朝更迭。待一切尘埃落定，往事总会如云烟散去，但草木如斯，白苏的香味一直未曾改变。

白苏虽然是绿色的，古人也认为它有别于紫苏，但据近代分类学者 E. D. Merrill 的意见，这两个根本就是同一种，无论是口味或是功效都基本一样，也就是说，紫苏的叶子不全是紫色的，还有绿色的。

在常见栽培的紫苏中，还有一种，就是一面绿一面紫的，也是同一种东西，不过是草木的不同脸面罢了。

悬钩子属

当枝蔓上缀满玛瑙

悬钩子属的果实，多半是春末夏初成熟，蓬蘽、山莓、掌叶覆盆子都是极美味的。入了秋，高粱泡开花结果，深秋始熟。到了冬天，寒莓熟了，高粱泡的果子依旧挂在枝蔓上，艳如玛瑙。

悬钩子属

蔷薇科 / 悬钩子属

采摘时令：悬钩子属植物品种多，四季皆有浆果成熟。

分布区域：多分布于荒野山林，溪畔沟旁。

老家在赣北山区，我又是确实在山谷里长大，所以现在看见很多植物都如故友重逢，有不胜之喜。每每想起以前，也多是和山水草木有关的事情，好或者不好，皆是自然。

在我一、二年级的时候，山村里有两件事让我印象很深。一是稻改棉，原来我们那里是只种水稻的，后来政府出政策，要求每家每户必须种棉花。在稻改棉的第二年，油菜花开的时候，整个山谷的田里长满了白蘑菇，家家户户都采来吃，做蘑菇汤，虽然没加一点荤腥，却极鲜，那真是一段草根都好吃的岁月。昨天和朋友聊起，猜测是棉花种上带有菌丝，后来传播到棉花植株和泥土里，一遇春雨，便满山满谷地扩散开来。

后来，开始大面积使用化学杀虫剂与除草剂，蘑菇就再也没有这样大规模出现过。二十年过去了，现在又开始改棉为稻，蘑菇没有出现，农田却大量抛荒，野草于斯繁盛。

再有一件事，是挖山种树，造经济林。这件事持续了好几年，每家出劳力，将几座山的大树全部砍了，挖出树根，做成一排排的小梯田。先是种板栗，后来感觉不行，又换种马尾松，直到现在还是没有成气候，山不像是山，全是低矮的灌木丛，让人很难受。

在挖山的第二年春天，整座山头长满了空心泡，果大，汁水多，心是空的。每天放学，我们拿着脸盆去摘，吃不完的会化成水，甜极了。但这也是一时之盛，没有第二年。至于到底是人为挖掉，还是天命攸归，我问了很多长辈，皆不知所以然，这成了我心里的悬案。

在后来的岁月中，我很少遇见空心泡了，常吃的便是蓬蘽和山莓。

这两种都是蔷薇科悬钩子属的。在野外遇见悬钩子属的果实，是一件有口福的事情，当然你得在果熟期遇见。如果遇见山莓的时候，叶子刚抽芽，花也刚刚开出来，要吃到甘甜的浆果，就得等到一两个月之后了。

山莓开花，在野外还是比较好识别的。首先，它开花比较早，和檫木几乎

悬钩子属　Rubus

落叶常绿植物，多为灌木或藤本，常常长有皮刺、针刺或刺毛及腺毛。本属植物许多种类的果实多浆，味甜酸，是美味的水果。有些种类的果实、种子、根及叶可入药，茎皮、根皮可提制栲胶，少数种类庭园栽培供观赏。

同期，比山苍子要略早。我曾去龙坞的龙尾山水库，一侧的山上开满了檫木花，明晃晃的，倒映在幽蓝的湖水里，有点小九寨的感觉；另一侧是木栈道，因为来的人少，年久失修，有些残破了，栈道旁长了许多山莓，正开着纯白的花。整个山谷，高处的明黄，湖水的幽蓝，矮处的洁白，都收入眼底，这是相机没办法记录的美，只能在深山幽谷静静地淌入心间。

其次，山莓的直立性很强，高的能长到两米。在刚长出来的时候，全株覆盖绒毛，后来渐渐长成皮刺，甚至叶柄和叶脉都是刺。所谓皮刺，是指植物体表皮或皮层上的尖锐突起，简单点说就是这刺只是长在皮上，和枝条的内部没有关系，可以很容易剥掉。还有一种是枝刺，它就是从枝条内部长出来的了，属于打断骨头连着筋的那种，想除掉它就不容易了。山莓的刺虽然很容易除掉，但在野外遇见了还是很麻烦，总是和衣服拉拉扯扯的，让人不堪其扰。

第三，山莓的叶子和花是同放的，边开花边长叶，等果子开始露出头来，叶子也就长齐了。很多悬钩子属的植物都是复叶，而山莓是互生的单叶，一般叶缘没有分裂，长着细密的小刺，但在不育枝上，叶子常见三裂的。也就是说，你想吃山莓，看见叶子三裂的枝条，可以考虑放弃，去找没有裂的。

果子 5 月左右可以吃，每年那个季节我都会心念念地往山里跑，要是能遇见一大株熟透了的，就算是捡到宝了。山莓是聚合果，也就是说一个果子上，你看见的每一个小粒的突起就是一个果子，可以想象，你一口吃下去了多少果实。

山莓分布极广，除东北、甘肃、青海、新疆、西藏外，全国均有分布。普遍生于海拔 200 ~ 2200 米的向阳山坡、溪边、山谷、荒地和疏密灌丛中潮湿处。朝鲜、日本、缅甸、越南也有。

除山莓外，它的其他兄弟也大多受人欢迎。在食用的水果里，未经选育而能有如此美味，坐头把交椅的非悬钩子属莫属。但它们多喜欢生活在水草丰美的山村，城市里能见到的大多是蓬蘽。和山莓不同，蓬蘽是一种低矮的匍匐灌木，贴地而走，叶子上布满棉毛，茎上也有毛，春天开白花，果实空心，味道也还不错，比没有好一些。

掌状叶覆盆子是悬钩子属里最好吃的那一类。据说天目山比较多，我有一年年初在余杭菩提谷办冬令营，山路上见到几株，便记住它了，只等它熟的时候去，能否吃到，就看缘分了。

《瓦尔登湖》的作者，顶尖“吃货”梭罗在《野果》中也写到了悬钩子，据说在欧洲，一些远古的族群就是以树莓——也是悬钩子属植物的果实为主食之一，此一点当存疑。这么好吃且量少的的珍宝，乃天之赐，若真如此饕餮，怕是要遭天谴的。

到了秋冬季节，依旧有悬钩子属的果实出现，比如高粱泡。

有一年在余姚四明山，孩子们从山上下来，每个人手上都提溜着一串高粱泡，一边嬉闹，一边摘下一颗塞进嘴里。

我问："好吃吗？"

"酸！"回答时五官拧在一起，这是他们最擅长的表演。

高粱泡有三味，一是酸，二是鲜，三是甜。但甜味太淡了，需要细细品才能体味到；鲜是一种感受，能体现果子下山时间的长短；酸味醇厚，它才是高粱泡的本色，可绕舌许久，经时不去。孩子们一颗接一颗地扔进嘴里，看得我满嘴生津，佩服不已。

在中国大部分地方，"泡（pāo）"是可以吃的，这个字读第一声，是个名词，如果读去声，就可以当动词用，比如"泡茶"。在蔷薇科悬钩子属里，以"泡"命名的植物很多，比如插田泡、空心泡、高粱泡等，都是各种莓。其实这是个别字，本字是"藨"，从草从麃，头上顶着草本植物特有的汉字标识，这才像植物的名字。

藨有两种读音，指的是不同的植物。一种念"biāo"，按照《说文解字》的说法，指的是鹿藿，一种豆科多年生攀缘草本植物，豆叶曰藿，鹿喜食之，故得此名。今年夏天在缙云葛竹村开展夏令营活动时，层层叠叠的梯田里点缀着几块荷塘，我有一次早起散步，给孩子们摘莲蓬，一大丛鹿藿就守在水畔的田崖上，我一抬头，差点惊叫了起来——果实结得密密匝匝的，简直是岂有此理！鹿藿果荚紫红色，短而饱满，像个胖乎乎的小宝宝，很可爱。

十二月去西溪湿地，深潭口附近有一片废弃的二层建筑，样式似是商用的，想也曾经繁华过。现在已经衰草离披，藤蔓爬满窗棂。中国有很多这样的地方，当年歌舞处，而今瓦砾场，让人看了难受。这些废弃的建筑边生了许多鹿藿，一片一片地在建筑与树的枝丫间来回缠绕，织成一张粗粝的幕布，漏洞百出，北风穿洞而过，呜呜作响。鹿藿的果子早已炸裂，形成一个苹果形的小口袋，口袋边缘粘着两粒油光发亮的黑色种子，王磐在《野菜谱》里说这是野绿豆，颜色实在不像。明朝百姓穷苦，卖儿鬻女者有之，食藿者不计其数，鹿藿这才入了《野菜谱》。它的种子可煮食，也可磨面作饼蒸食。

还有一种植物，叫茶藨（biāo）子，是虎耳草科的，结红色浆果，黄豆大小，是很好吃的野果。杭州就有，但我很少见到果实累累的。某年九月在大理苍山顶上，一棵棵茶藨子结满了果子，苍莽的森林里无人采食，我摘了一捧，又摘了一捧，塞进嘴巴里。我知道，回到城里就再也不会有这样的滋味了。

藨的另一种读音念“pāo”，指各种莓，估计是因为这个字写起来太麻烦了，后人就借了个三点水的“泡”字来替代，反正悬钩子属的浆果有很多水。

所以，高粱泡应是高粱藨。但错了那么久，错的也变成对的了，还是写高粱泡吧。

悬钩子属的果实，多半是春末夏初成熟，蓬蘽、山莓、掌叶覆盆子都是极美味的。入了秋，高粱泡开花结果，深秋始熟。到了冬天，寒莓熟了，高粱泡的果子依旧挂在枝蔓上，艳如玛瑙。

高粱泡是藤本灌木，它是属于荒野的，从不惧怕荒凉，我在很多盘山公路边见过覆满灰尘的高粱泡叶子，灰头土脸极其可怜；走进杳无人烟的山谷，在石崖上，涧水旁，才能见到它们健康生长的样子，一大丛一大丛蔓延着，野得无边无际。

因为是藤本，高粱泡的枝条韧性很强，也很柔软，无法直立生长，只能攀附在其他灌木上。但它没有爬山虎一样的吸盘，也没有葡萄藤上如蛇蜿蜒的卷须，只在茎上长满皮刺，依赖这些小刺的勾勾挂挂，每一根枝条牵扯在一起，一点一点向天空伸去。

这些皮刺还有一个作用，就是刺伤掠食者，尽可能地保护果实。高粱泡的果子总是一大串一大串挂在叶腋，果序像高粱穗子，所以才有了这个形象的名字。果实真正成熟后不是深红，而是偏橙红，阳光洒下来，晶莹剔透的，像一串南红玛瑙的坠子，贵而不俗。

除了果实，高粱泡就没什么起眼的地方了。叶子是单叶，具有 3 到 5 个浅裂，边缘有细锯齿。叶子背面生黄色的柔毛，软绵绵的，但绵里藏针——叶子中脉上稀稀拉拉地长着几根皮刺。我摘高粱泡的时候，小心翼翼地避开了枝上的大刺，却总是被叶子上的小刺扎出血来。阎王好过，小鬼难缠。

我不喜欢吃高粱泡，嫌肉少味酸，却喜欢剪一枝回来瓶插。隆冬时节，天地素净，书案上插一枝红的果子，能为屋舍增色。圣诞节的时候，在四明山柿林村度过平安夜，我干脆在铺着宣纸的桌案上摆了满满一筐高粱泡，配上红果绿叶的枸骨、泛着银光的雪松花环，还有各种点心水果，孩子们在烛光下简直疯狂了。

普通的植物，总是因为特别的人特别的场景，让我们深深记住，长久怀念。

栀子 花落时节又逢君

栀子的味道怎么形容呢？香甜？馥郁？好像怎么说都不确切，只能说是栀子味儿，你闻一次，这辈子就记住了。毕竟，能让你一辈子都记住的东西不多。

栀子

茜草科 / 栀子属

观花时令：春夏之交。

分布区域：全国大部皆有分布，多见于海拔 1500 米以下的旷野丘陵、山谷坡地、溪边的灌丛或林中。

文一兄是我多年好友，自其归湘后，极少见面，一年一次顶天了。素日里音讯皆少，偶尔联系必有事情。我看书法，有不识的字，拍下来发给他，半日之后方有回音。他问我植物也是一样。

这种相处，让我很自在。见面了，酒自会说话。

他是专攻书法篆刻的，我最喜欢也最常用的几方印皆承其所赐，如“家智读书”“荷锄归家”，常拿着把玩，喜欢得不得了。

有一阵子，他喜欢上了弘一法师，经常临弘一的字。我问他：

“东坡的字如何？”“好。”“启功的字呢？”“好。”“弘一呢？”“化了。”

后来，我看弘一法师的字，也觉得确实“化了”。谈不上技法，却哪儿都让人舒坦。更主要的是，每个字都一颗颗的，极干净，能让你自然而然地透过书法进到内容里。佛家说，明心见性，这就是。

他晚年曾有一幅字，写的是石屋清珙的诗：“过去事已过去了，未来不必预思量。只今便道即今句，梅子熟时栀子香。”

梅子熟时栀子香，多自然的句子。不念过往，不忧未来，许多事看淡了，也就释怀了。

然而，老僧入定，何其难也。

入梅后，我是先看见梅子黄熟，而后才闻着栀子花香的。我素来不喜梅雨，溽热难当。在空调房里隔着窗读贺铸的词，方觉着有些许美好。贺铸本贺知章后人，作词尤美，多幽闲思怨，他有一首写梅雨的，末几句极有意境：

试问闲愁都几许？一川烟草，满城风絮，梅子黄时雨。

也因了这句，人称贺梅子。以所咏之物入名号，当是极高的赞誉。

梅子黄时雨，当是此时。花谢果熟，梅子泡酒，这是自然送给初夏的礼物。以梅入馔，是文人极喜爱的事，《诗经·周南》里说，“摽有梅，其实七兮”，意思是梅子开始凋落了，树上还有七成。这里的梅就是梅子。在很长一段时间，人们用它来做调味品，所谓“若作和羹，尔唯盐梅”，它和盐一样重要。到了汉末，青梅煮酒，吃法就有意思起来了。

江浙梅园多，当地人也喜欢泡梅子酒。前几天去苏州，就见着酒坊在泡梅子酒，老苏州的做法，一斤梅子一斤酒，再加七两糖，做出来的梅酒可以挂杯。女孩子喜欢，但于我而言就太甜了，和苏州菜一般，腻喉。

我每次去苏州，行程都极随意，逛园子也是避着人群。留园、苏州博物馆，还有园林博物馆，人都不多，走到哪算哪，感觉很好。在忠王府看过了文徵明手植的紫藤出来，到拙政园入口一带，有很多阿婆肘上挎着竹篮，手上端着盘子，里面整齐地摆着栀子花和白兰花，一朵朵的，极娇嫩；茉莉则用铁丝串着，像珍珠手串，逢人就迎上来，“啊要白兰花？”行人不理，又换下一个，我看了很久，少有人买。

栀子 *Gardenia jasminoides*

常绿灌木，仲春之后开花，花极芬芳。浙南山区常有人采其花瓣，可以食用。果实成熟后橙黄色，可提取栀子黄色素，在民间作染料用，也是一种品质优良的天然食品色素。

在杭州是看不见卖花人的，大部分人家里的插花也只有百合、月季了，有人送花才把空了半年的瓶子找出来插满，并不是主人自己的情趣。我倒是很留恋以前的卖花场景，江南小巷，唤声悠长，有生活的味道。

清代彭羿仁有一阕词《霜天晓角》，是讲卖花声的，极美：

> 睡起煎茶，听低声卖花。留住卖花人问：红杏下，是谁家？
> 儿家，花肯赊，却怜花瘦些。花瘦关卿何事？且插朵，玉钗斜。

吴侬软语，历历可听，而最圆匀的，无过于唤卖白兰花的苏州女儿了。在周瘦鹃的作品里，多有卖花女，她们大多是从虎丘来的，因为虎丘一带培养白兰花和栀子花的花农最多，初夏栀子含蕊时，就摘下来卖给茶花生产合作社去窨花，那些过剩而已半开的花，就让女儿们到市场上去唤卖了。除了栀子、白兰花，其他花也卖，玫瑰、玳玳花、含笑，那清脆的声音也随着花信而更替。

现在苏州卖花的已见不着女儿家了，连阿婆也不再吆喝唤卖，也许要不了多久，就彻底没了。

我更多地还是在山里见到它，有的微微开放，香味悠悠荡荡地散发出来，能飘三丈之远；有的花苞还俏立在枝头上，孩子们摘回家，养在水瓶里，次晨会在花香中醒来。

有些“雅士”很做作，认为栀子香味太过了，品格不高，汪曾祺有句话回击得很好，录给大家看：“去你妈的，我就是要这样香，香得痛痛快快，你们他妈的管得着吗？！”

文人心里大多都住着好几个山野村夫，骂街也就和常人无异了。栀子花的香味是从哪里散发出来的？我问过几个人，一听这个问题都愣了一下，然后开始猜。我是有一次在山里无聊，摘了一朵栀子，分解之后各个部位都闻了一遍，确定香味是从花瓣上来的。雄蕊雌蕊都没闻到香味，也许是我鼻塞了。

栀子的味道怎么形容呢？香甜？馥郁？好像怎么说都不确切，只能说是栀子味儿，你闻一次，这辈子就记住了。毕竟，能让你一辈子都记住的东西不多。

它也是初夏的味道，小时候，栀子花一开，小姑娘就要上山采回家插在瓶子里，鬓角还斜斜地插着一枝，真好看。这阵花香之后，便是端午节，那时候没吃没穿，孩子们都盼着一年里三个最重要的节日，故而栀子于我而言，是端午的前兆，是花信。

花开繁盛，花落凄凉。有一次爬玉皇山，在丛林里见到一株单瓣栀子孤零零地开在那里，突然间就发现竟到了花谢的时节。人总是在蓦然间发现光阴已逝流水如斯，也会在蓦然间发现自己已经走过了那么多的岁月。年华将去，睹物思人，非言语所能道尽，古人作诗，总是托物言志，大概也是因为如此吧。

栀子花本是白色，花期一过，便渐渐变黄，花瓣一点点地干缩卷曲，最后蜷成一团。单瓣栀子还好些，重瓣栀子干枯之后就像揉成一团的裱纸，被人随手扔在了叶子间，下两场雨，“纸”吃了水，脏兮兮的很难看。

红颜白首，也不过是呼吸间事。常看花开花落，不仅怡情，也能让你珍惜岁月光阴。

在双子叶植物里，很少有花是六个花瓣的，栀子算是个另类，六出花。我们见到的栀子都是白色的，山水诗人谢灵运称它为林兰，说“林兰近雪而扬猗”，颜色近雪，可见其白。

据说古蜀国有红栀子，且放于深秋，实为异数。清康熙年间，礼部尚书张英曾主持修过一部大型类书，叫《渊鉴类函》，名气不如后来的《四库全书》大，故而知道的人不多。里面第三九七卷就讲到了红栀子：

孟昶十月宴芳林园，赏红栀花，其花六出，而红清香如梅。

孟昶是五代十国时后蜀国的君主，和李煜一个时代，也同样有才情，惜乎不善守国，为赵氏所灭，国破投降，封秦国公，七日后莫名其妙地死掉了。他喜欢红栀子，令人图写于团扇，或绣于衣服，或用绢素、鹅毛仿制成首饰。蜀亡之后，就没有再听说了。

这件事是不是真的，我不确定。但心底总是选择相信。一辈子太短，许多事我都不会较真，即便被美好的事物欺骗，也是心甘情愿的。自己高兴就好。

博落回　山谷中的乐声

博落回也长在山涧里，两米三米的，高高挺立着。它结满了种子，我摘下一大串，在孩子们耳边轻轻地摇晃着，『沙沙沙，沙沙沙』，孩子们听了，安静了下来，继而欢呼『我还要，我还要』，他们很欢喜。

博落回

罂粟科 / 博落回属

观赏时令：夏秋，花果皆美。

分布区域：模式标本采自浙江，多生于丘陵及低山林中，山野路旁多见。

安吉山谷的秋水很盛，我带着孩子们在山涧边散步，水就在脚下的河床里咆哮着，动静很大。其实周遭是静的，风吹竹林，叶落果熟，皆无声响。现在的山村多是如此，山川秀美，却因为没有年轻人，暮气很重，逢着阴雨天，便真的是一幅水墨寒秋图了，隐则隐矣，却也萧条。

这种萧条是孤寂，也是美好。人都被隐匿在了山水里，行走栖停，皆是过客，有一杯茶的缘分，有一夜眠的因缘，就是莫大的福气。

韩偓有两句诗，写得极好，和这样的风景是绝配：

林塘阒寂偏宜夜，烟火稀疏便似村。

韩偓，晚唐诗人，是著名诗人李商隐的外甥。据说是少年天才，十岁时写了首诗给李商隐，其中有“连宵侍坐裴回久”一句，李商隐回了首很著名的诗，其中两句是“桐花万里丹山路，雏凤清于老凤声”。可惜晚唐时期战乱频仍，韩偓宦海沉浮半生之后，终是归隐渔樵，客死葵山。他后期写的诗歌也从艳情转向了现实主义，字句间多有悲凉。

这首诗写的是日暮时的样子。我走过很多的山村，也见过不同天气的日暮。有一年在余杭的菩提谷，“日暮诗成天又雪”，很难忘记；还有一次在浦江，“暮色千山入，春风百草香”，虽是傍晚，但草长莺飞让人陶醉；也有让人难受的时候，人在山里绕着，不知道终点，“日暮苍山远，天寒白屋贫”，虽然都是行走，但有的时候是在看风景，有的时候却在找出路，境况大不相同。

这两年我真是走了不少地方呀，看鸣虫草木，也看世事人情，看到最后，路上就只剩下我一个人，于是，便只能看自己。人在浩渺的天地间，总容易生出孤独感，这种感觉，是厕身于拥挤的办公室里难以体会的。我自认这种孤独是高级的，因为它带着我往古来今、穷极宇宙，也让我知道自己的渺小、苍生的可敬。

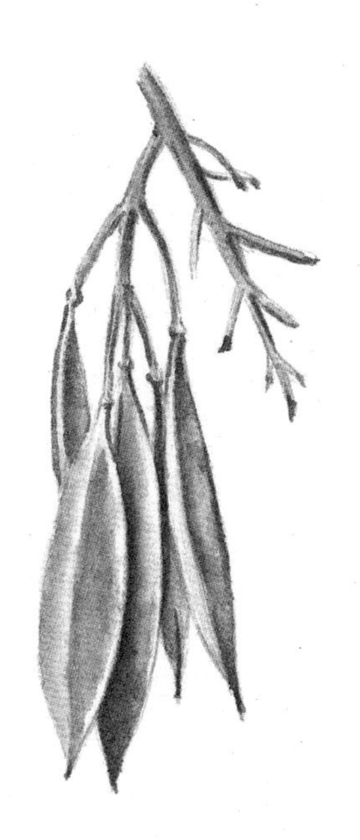

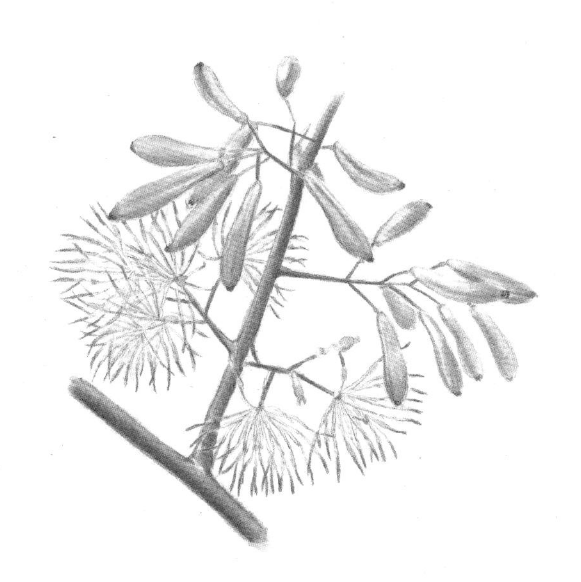

博落回 *Macleaya cordata*

直立草本，基部可以木质化，折断有黄色乳汁。茎和叶背多具白粉，叶片有深浅裂。夏后开花结果，果荚内有种子 4 到 6 枚，轻轻一摇，沙沙作响。全草有大毒，不可内服。

我自己走进自然，也常带着我的那些孩子们走进自然。凡他们到的山谷，就不再寂静了，连河水的喧闹都被盖了下去。我们沿着山涧走，琉璃蛱蝶和蚱蜢都引着他们去追逐。三脉紫菀开了淡紫色的花，白花败酱也开了，这些植物，他们都相熟了，如旧友一般。

博落回也长在山涧，两米三米的，高高地挺立着。它结满了种子，我摘下一大串，在孩子们耳边轻轻地摇晃着，“沙沙沙，沙沙沙”，孩子们听了，安静了下来，继而欢呼“我还要，我还要”，他们很欢喜。

现在正是博落回种子长成的时候，秋渐渐深了，植物的叶子开始黄瘦下去，果子渐渐凸显出来。博落回的果子很有意思，蒴果倒卵形，先端圆圆的，越往果柄处越狭窄。果子不长，最长不过 3 厘米，扁扁的，像是扁豆的微缩版。果荚灰白色，阳光洒在成片的果序上，就像照耀着铁皮一样，反射出粼粼的光。每个果荚里都藏着 4 到 6 粒种子，也有说有 8 粒的，我没见过。种子极小，像油菜籽一般，且坚硬，果荚也是硬的，轻轻一晃，硬的种子撞击着果荚，如雨过竹林，沙沙作响。这是自然留给博落回的小秘密，也是给孩子们的惊喜。

博落回还有一个地方能发出声音，那就是它的茎。唐代有位中药学家叫陈藏器，浙江宁波人，编著了《本草拾遗》一书，其中就有说到博落回：

> 生江南山谷。茎叶如蓖麻。茎中空，吹之作声如博落回。折之有黄汁，药人立死，不可轻用入口。

博落回是有大毒的，在《本草纲目》中，李时珍就将它归为草部毒草类。这种罂粟科的直立草本植物，茎和叶子背面都有白色绵毛，像是覆着一层白霜，到了秋天，茎粗壮有力，基本半木质化了，切断后会流出黄色的汁液。茎内中空，如竹子一般，日本叫它“竹似草”，真是好听，而且强调了它是草本，非常准确。

这黄色汁液是有毒的，“药人立死”，我想，是没人愿意拿它当号角吹奏的。陈藏器吹过否，我不知道。但唐代人似乎都知道这个秘密。与他同时代有个叫段成式的，写了本《酉阳杂俎》，其中也有关于博落回的记录，文字几乎相同：“博落回有大毒，生江淮山谷中。茎叶如麻，茎中空，吹作声，如勃逻。故名之。”也是说茎中空，其声如勃逻。可见勃逻回在唐代是常见乐器，只是年代久远渐渐失佚，今人不知了。

勃逻回，就是博落回，也叫中鸣，是军中乐器，相当于角的一种。打仗吹号角是自古就有的事情，上古时代，蚩尤率魍魉之师与黄帝战于涿鹿，黄帝让人吹角为龙鸣来抵御，龙鸣便是角的开始，声音大而激扬，后来一路发展，就成了长号。

中鸣是东汉末年出现的，建安十二年（207），曹操北征乌桓，将万余部落迁于中原，加速了民族融合。北方大漠茫茫，军士思归，战乱之年多悲壮，曹操将号角从龙鸣减为中鸣，其悲壮更甚矣。此次出征，东临碣石有遗篇，当狼烟散去，中鸣偃声，山谷与原野终于归于沉寂，只有博落回还留在那里，漫山遍野地长着，呜呜作响。

博落回秋季看果，夏季则是看花。它的圆锥花序很大，属于大型花序，长的有 40 厘米。立夏后，叶子和茎都吸足了水分，变得饱满而滋润。顶部和叶腋抽生出花枝来，开满密密的白色小花。

有意思的是，博落回的花朵是没有花瓣的，只是由短短的雌蕊和长长的雄蕊构成，白色的花丝上是一段褐色的条形花药，花药居然与花丝等长。花萼两片，淡淡的黄白色，只在花蕾上看得见，一开花就会自然脱落。就是这样一朵朵小花簇在一起，成了夏日里最招摇的风景。

在江浙一带，但凡是山谷溪水处，它们无所不在，攻城拔寨，颇有气势。看柳宗民的《杂草记》，说它还有一个名字，叫占城菊，听起来有入侵物种的味道。其实不是，它在中国大部分地方都有分布，在日本也有，应该属于比较常见的东西。只要你不去吃它，应该也没什么坏处。

占城是个地名，属于现在的越南，古为占婆国。也许那里的博落回较多，故而因地得名。但听起来总不如博落回好，记录了一段消亡的声音。

名字中取一“菊”字，大概是因为叶子有点像菊花。但博落回是罂粟科博落回属，和菊花毫无关系。很多菊科的植物都是可以吃的，比如茼蒿，比如马兰头和莴笋，可博落回是有毒的。

虽有毒，却可做药。

贵州侗族有侗医侗药，有很多药物的炮制方法很奇特，尤其是一些有毒植物的炮制，很有意思。其中一种做法叫打刀烟，就是用博落回一类有毒植物制成。取博落回的根茎，放在火里燃烧，烟火熏到柴刀面上会凝成烟油，收集的烟油据说可用于治疗皮肤疖癣或蛇虫叮咬。

现在看看，这些真是很土的办法。用的人估计很少了。

传统上还有其他炮制方法，最多的好像是研末使用。书上说被水火烫伤时，将博落回根研末，用棉籽油调搽，效果甚好。只是家里不会常备，很难实验。

都说草木一秋，其实不止。它们长在田野里，也长在世人的生活中，长在书卷里，历千万世，人非物易，但草木依旧。博落回依旧结着小而精致的果子，轻轻一摇，沙沙作响。

天葵开白色小花，花小，直径不到一厘米。我们第一眼能看见的其实是萼片，五枚，颜色极美，白色的底子上浅浅的晕染着一层淡紫，自然造万物，真是极尽心巧。
天葵　唯其动摇于春风耳

天葵

毛茛科 / 天葵属
观花时令：春季观花。
分布区域：多生于疏林下，也生于山谷阴地。

二月，风霜犹劲，是梅花开的日子。大雪下三日，天与地及屋舍皆白，梅根遒劲，静默地卧在雪里，黑白分明，如素墙黛瓦一般有大境界。老的事物总不需言语，神态气韵皆可说话。花瓣上带着雪水，若是妙玉遇着，便要收一瓮，藏在树根下五年，可冲茶。

至雨水时节，江南春雨子规啼，桃始华，又是个温而软的世界。我们常在春天去看花，看树花，也看草花，高高低低都是娇妍的色彩，明亮滋润。一阵风过，落英缤纷，粉的白的花瓣落在新绿的草地上，蹲下身子，能看见落瓣，也能看见小草的花朵。

那是一个小而精美的世界，就像闯进了矮人国的城堡。

我就在一片樱花林里蹲下身子，看见了天葵。三月二十四日，它开始开花了。

天葵开花，很多人都记不得了，因为太小，不蹲下身子，很难留意。

天葵开白色小花，花小，直径不到一厘米。我们第一眼能看见的其实是萼片，五枚，颜色极美，白色的底子上浅浅地晕染着一层淡紫，自然造万物，真是极尽心巧。还有五枚花瓣，比萼片要小很多，明黄色，一瓣一瓣地覆盖着，攒成一个小杯子，里面盛满了花蕊。

天葵开花，春自是到了。以草木信约时令，古人是高手。读刘禹锡的《再游玄都观》，诗人出京十四载，一贬再贬，颠沛南北，故地重游时，却已是桃花不再，只有天葵、燕麦以动春风，物是人非令人唏嘘。原文如下：

余贞元二十一年为屯田员外郎，时此观未有花木。是岁，出牧连州，寻贬朗州司马。居十年，召至京师，人人皆言有道士手植仙桃，满观如红霞，遂有前篇以志一时之事。旋又出牧，于今十有四年，复为主客郎中。重游玄都，荡然无复一树，唯兔葵燕麦动摇于春风耳。因再题二十八字，以俟后游。时大和二年三月。

百亩中庭半是苔，桃花净尽菜花开。
种桃道士归何处？前度刘郎今又来。

兔葵即是天葵。在很多地方，也被称为紫背天葵。在我国大多数地方都有天葵分布，一般多长于疏林谷地，或者石畔溪流，紫色的叶背是它的典型标志。

天葵多是基生叶，就是叶子直接从基部长出来，每株一到五条茎，纤细柔弱，长着稀疏的白色柔毛。掌状三出复叶，每一片小叶都像一只小小的鸭掌，分成三深裂，同时每个裂片的顶端又有两三个小裂。整株植物，都有一股刀砍斧斫的味道。

叶子的质感很好，光滑柔顺，摸起来很舒服。它很幸运，自然不仅给了它美丽的叶色，又给了它光滑的“肌肤”，是毛茛科的美人。

毛茛科都是美人，牡丹、芍药自不必说，春天多见禺毛茛，开着黄色的花，倚立在水边的绿草里；野老鹳草结着奇妙的果子，像老鹳鸟尖尖的嘴；飞燕草在公园里已经随处可见，一大片一大片地长着，花团锦簇，仿佛占领了半个春天……

天葵　*Semiaquilegia adoxoides*

草本植物，在我国分布于四川、贵州、湖北、湖南、广西北部、江西、福建、浙江、江苏、安徽、陕西南部。生于海拔 100 ~ 1050 米间的疏林下、路旁或山谷地的较阴处。在日本也有分布。早春开花，根块状，名“天葵子”，是常见中药材。

花虽美，但毛茛科植物大多具有一定毒性，同时又常入药，天葵也是如此。入药的是它的根，也叫天葵子，常用来治疗生疮发炎或者跌打损伤。

天葵的根不大，一般 1 ~ 2 厘米长，外形有点像老鼠的粪便，听说很难长大，故而也有“千年老鼠屎”的别称。

广东、福建一带，有一种蔬菜也叫紫背天葵。全株肉乎乎的，叶子边缘有粗锯齿，叶背紫色，春天始发枝，以嫩枝入肴，可一直吃到深秋。在杭州也可以种植，我有很长一段时间待在良渚，在一片 30 亩的园子里耕种，就种了几畦紫背天葵，和秋冬的菜薹一般，剪而复长，越生越多，朋友来了采几把，拿回家炒食，据说可补血。

这种紫背天葵其实是菊科菊三七属的，和毛茛科的截然不同。

秋海棠科秋海棠属也有一种叫紫背天葵的。此种最漂亮，多生于悬崖石缝中，5 月开花，极美，只是并不多见，能否见到得看缘分了。

苦楝　又见春光到楝花

时方盛夏，苦楝树冠大如伞盖，叶绿荫浓，枝叶间缀着一串串的苦楝子，像夏日的风铃。男孩子顽皮，爬上去折下一丛一丛的扔下来，作弹弓的子弹，这株苦楝，可以戏耍整个夏天。

苦楝

楝科 / 楝属

观赏时令：初夏开花，秋后果黄。

分布区域：黄河以南常见，多生于旷野、路旁及疏林。

晌午饭罢，祖父照例会给庙里写算命的签辞，阔大平整的木案摆在中堂左侧，案上无杂物，一砚、一笔、一枣木镇纸，一叠裁好的签纸，外加一景德镇青花陶瓷茶盅；靠墙放着一把靠背椅，椅座上垫着粗布缝制的垫子，垫子里绗着薄薄的绵，祖父端坐在椅子上，其时他已瘫痪，许久都走不了路了，椅旁斜靠着一双拐杖，那是他挪动时的依靠。

屋外的阳光毒辣，檐下的荫不过一尺长，其他人都午睡去了，只有我坐在老屋的门槛上陪着，他唤我添墨，唤我续茶，有时候兴致高了，会给我讲一段书，不拘是民间故事，或者是“三国”“水浒”，我都爱听。

祖父专心写签时，我就坐在门槛上玩抓石子儿的游戏，或看蚂蚁搬家。蚂蚁搬家最有趣，去饭桌旁拍死一只苍蝇，拿到门槛边扔在地上，不一会儿就有

楝 *Melia azedarach*

落叶乔木，黄河以南比较常见，对土壤要求不严，生长比较迅速。初夏开花，花紫色，落英尤美。鲜叶可灭钉螺和作农药，根皮可驱蛔虫和钩虫，但有毒，要慎用。

一只蚂蚁经过，它小心地碰碰苍蝇，就匆匆而去。俄而便有一队蚂蚁从石缝里蜿蜒而出，拥到苍蝇四周，像是在围观猎物。最后总有几只蚂蚁出力，拖着苍蝇的尸体往回走，其他的蚂蚁有的四散开来，有的依旧跟着列队回营。

这些都玩腻了，我便只能听远远近近的蝉鸣。乡下的蝉不止傍晚叫，午后也叫，噪得很，一浪一浪汹涌而至。农夫恨蝉声扰了清梦，总诅咒它，怂恿孩子去捕蝉；我却不烦它们，听着听着，就在门槛上趴着睡着了。

老屋的门槛很宽阔，总有一尺余，是整段的苦楝木头截成的。祖父当年造完这座青砖的房子，特意去寻了这么一截楝木来，说楝木有毒，百虫畏惧，故而做门槛可以挡住毒蛇爬虫，护佑一家安泰。楝木做门槛，我至今还很少在别家见到，江浙一带多水，湿气大，许多人家的门槛都是石条造就。也有用木头的，一般是梨木、枣木或者柏木，相对较硬，不容易踏坏；据说也有富贵人家，用铁把门槛包起来，就是铁门槛了。铁门槛里面是一个世界，外面又是另一个世界，世人痴心，总想用一道门槛守住门里的富贵，难矣哉！《红楼梦》里，宝玉过生日，妙玉送来生辰贴，落款自署“槛外人”，她站在富贵场外头，将里面的一切都看得清清楚楚；宝玉自惭，便只能自称“槛内人”了。

蝉鸣渐歇的时候，檐下的荫已经长到四尺有余。我从夏梦中醒来，吃一牙井里镇过的西瓜，就和伙伴去野外疯玩了。

晒场外是一片田地，田地的中央有一棵高大的苦楝树，不知年岁，只知我六岁那年两手抱不过来。时方盛夏，树冠大如伞盖，叶绿荫浓，枝叶间缀着一串串的苦楝子，像夏日的风铃。男孩子顽皮，爬上去折下一丛一丛的扔下来，作弹弓的子弹。这株苦楝，可以戏耍整个夏天。

后来祖父故去了，我也离开了家，渐渐长大成人，走过了不少地方。苦楝在乡村里面不算多，也不算少，几乎各处都会种，但各处都不多，一座村子也就一两株罢了。但少有人种在院子里，几乎都是栽在田埂上，据说是因为名字太苦了，人们怕破了风水。

但曹雪芹家的院子里种了楝树。清康熙年间，曹玺任江宁织造时，曾植楝树于署中，树大成荫，荫畔有亭，名曰“楝亭”，闲暇之余，于亭中读书课子，是文人的做派。后来，曹玺病逝，曹寅入京供职；经年之后，又调任江宁织造，故地重游，楝树犹存。为追念先德，请人绘《楝亭图》四卷，得以传世，并给自己取了号，亦曰“楝亭”。

楝树既然叫苦楝，叶子、果实与皮确实都苦，花却清香。

楝树花开，便是春尽夏始的时候了，故而楝花有个雅称，叫“晚客”。古代诗人伤春，作了许多咏物诗，写楝花的也不少，我最喜欢元末朱希晦的《寄友》：雨过溪头鸟篆沙，溪山深处野人家。门前桃李都飞尽，又见春光到楝花。

尤其是末两句，最是传神，春花都谢尽了，又是一年一度的楝花开时，春光便也走到了尽头。

楝花偏紫，圆锥状花序生于叶腋，从伞盖般的树冠洒下来，流苏一般。香味清幽，和它的苦极不对称。我最近一次看楝花是今岁春天，在湖州的乡下，暮春多雨，楝花零落到草地上，水洼里，田埂上，浅浅密密地铺了一层，白的紫的，湿漉漉，如梦如幻。树下是蚕豆地，也开着紫色的花，结着绿的豆荚，树上树下，都和在雨天的雾气里，不招眼。行人在树下走过，匆匆来匆匆去，少有驻足。我们的眼睛总是习惯看着远方，不抬头也不垂首，忘记了前路之外还有天空和大地。

虎耳草

一个士兵不是战死沙场，便是回到故乡

花开五瓣，分上下两层，上三下二。上面三瓣短的，卵形，像唐代仕女的面庞，白的底子上点着四点紫红的胭脂，梅花落雪，像极了南朝寿阳公主额上的落梅妆。

虎耳草

虎耳草科 / 虎耳草属
观赏时令：初夏到秋为花果期，依区域而异。
分布区域：多生于林下、灌丛、草甸和阴湿岩隙。

我去过很多处的山谷、村庄，却总是怀念生养我的地方。这就是乡愁。

汪曾祺是我极爱的文人，我爱他的文，也爱他和沈从文先生的师生之情。

沈先生去世后，汪曾祺在不少文章中都写到他，与吃相关的比较多，比如橘子、烧羊腿；也有关于植物的，是虎耳草。

汪曾祺有篇文章叫《星斗其文，赤子其人》，题目取自沈从文夫人张兆和之妹张充和的句子。合肥“元允兆充”四姐妹中，充和是行四的，昆曲唱得极好，书法也极劲秀，我读过一本关于她的书，叫《曲人鸿爪》。沈从文去世后，充和用晋人小楷写了两句挽词：不折不从，亦慈亦让；星斗其文，赤子其人。

汪曾祺选后两句为题，写尽了沈先生的生荣死哀，以及暮年清贫，写到末了，他说："沈先生家有一盘虎耳草，种在一个椭圆形的小小钧窑盘里。很多人不认识这种草。这就是《边城》里翠翠在梦里采摘的那种草，沈先生喜欢的草。"

沈先生喜欢虎耳草，是一件尽人皆知的事。

在他的名作《边城》里，虎耳草总出现在翠翠的梦中，一早醒来，她把自己的梦说给爷爷听："爷爷，你说唱歌，我昨天就在梦里听到一种顶好听的歌声，又软又缠绵，我好像跟了这声音各处飞。飞到对溪悬崖半腰，摘了一大把虎耳草。得到了虎耳草，我可不知道把这个东西送给谁去了。我睡得真好，梦得真有趣。"

到了最后，虎耳草开出了美丽的花，翠翠也不知道该将它送给谁。

但爱沈先生的人自会知道。他去世后，骨灰一部分撒入沱江，一部分归葬听涛山，墓旁种满了虎耳草。这是文人对草木的依恋，也是后人对先贤的追思。

墓地的石碑上，刻着黄永玉为表叔写的铭：一个士兵不是战死沙场，便是回到故乡。

虎耳草 ***Saxifraga stolonifera***

多年生草本，多生于海拔 400 ～ 4500 米的林下、灌丛、草甸和阴湿岩隙，尤喜湿润悬崖。叶片毛茸茸的，呈心形或扁圆形，似虎耳。常用作园林地被植物，也可做盆景。

沈先生半世颠簸，漂泊转徙，最后还是回到了生养他的地方，陪伴他的，是从崖上下来的虎耳草。

虎耳草长在崖上，是很多人不知道的。因为城里的虎耳草总在花坛里，或者林荫下，是脏兮兮的地被，叶片布满灰尘。我今年常去山里，总能见到大块大块的崖壁，水从石头里沁出来，自上而下布满壁面。

凡是这样的环境，阴凉湿润，都会有很多高颜值的植物生长。比如兰科的大花无柱兰，比如天南星科的滴水珠，再比如虎耳草科的虎耳草。

这种多年生草本植物适合家养。用普通花盆种植，宜密植，爆盆时好看。如果有考究的花器，钧窑的瓷盆或者黑陶的器皿，则适宜一两株静静地水养，三两颗石子散在水里，摆在桌面是很好的清供。

大学时学盆景学，要自己动手做盆景。桩景要方便一些，无非是修剪蟠扎，都是细工慢活；山水盆景却刀劈斧斫，动静极大，和先生们说的“一峰则太华千寻，一勺则江湖万里”的悠远意境很不相衬。我不擅长这种工匠活，却极喜欢后面点缀植物的部分。在石头上种松种柏是最常见的，还有一种是种草，菖蒲一痕，虎耳草一抹，意境全出，是宋画的味道。

虎耳草美的就是叶子。《本草纲目》里有这样的描述：“时珍曰：虎耳生阴湿处，人亦栽于石山上。茎高五六寸，有细毛，一茎一叶，如荷盖状。人呼为石荷叶。叶大如钱，状似初生小葵叶，及虎之耳形。”

以虎耳之形命名，是很形象的。石荷叶的名字也好听，说出了它的生境，是长在石头缝里的。它的叶子有三个比较明显的特征，一是长满腺毛，毛茸茸的，但摸着并不扎手；二是叶脉明显，像是白笔画出的枝丫丛生的树冠，这也是虎耳草最可欣赏的地方；三是叶背多为紫色，这需要有心人蹲下来，翻开叶片才能发现，我们多一分好奇心，自然就会给我们多一分美好。

到了五月，就要看花了。城里的虎耳草花开得早些，山里的花得五月末才能见着。

见到它的花，方才知道老天在造世间万物时费了多大的巧思——花开五瓣，分上下两层，上三下二。上面三瓣短的，卵形，像唐代仕女的面庞，白的底子上点着四点紫红的胭脂，梅花落雪，像极了南朝寿阳公主额上的落梅妆。

花瓣基部是一抹乳黄，黄色下侧是同样黄色的半环形花盘，花盘水汪汪的，蓄满了蜜，是对昆虫的蛊惑。

下面两片花瓣洁白如玉，是白面书生帽子上长长的绶带，在风中飘洒。虎耳草的一生都在静默地生长着，只在花期这几日，绶带飘起，如君子临风，别有一番气度。

花期一过，蜂蝶隐去，林子又重归静寂。生死荣枯，万物皆然。但留在诗书里的，留在人心的，总该是些美好的东西。

下次出门，我要去寻一株虎耳草，种在浅浅的陶盆里，看见它，我能看见千里外的沱江，能看见千年外的乡愁，这是草木给我的另一个世界。

苍耳 粘在皮毛上散落四方

秋深了，衰草披离，苍耳子一簇簇的挂在枯枝上，孩子们见了都要一拥而上，孩子气的成年人也是如此。我们离开自然太久了，总要回去的，一群人在山里打野仗，还有比这更好的武器么？

苍耳

菊科 / 苍耳属

观赏时令：秋季果实成熟。

分布区域：多生于荒野路边，人或动物经过的野路旁尤多。

有一阵子，我教孩子读《诗经》，《诗经》里草木众多，用它自己的话说，叫“春日迟迟，卉木萋萋。仓庚喈喈，采蘩祁祁”。因为草木丰美，人们便常常以采摘来起兴，以抒发情感，比如采薇、采蕨、采蘋、采藻、采艾、采萧……

先人们一边劳作，一边歌咏，是很美好的状态，我幼居山村，就见过很多这样的场景。谷雨之后，鹧鸪在山间叫起，桐花开满山野，它们都是下田开耕的信号。当此时节，春水涨满了池塘，也涨满了稻田，农夫顶笠披蓑，一手执鞭，一手扶犁，在浑浊的泥水里踢踏前行，歌声也响彻山谷。我总想带孩子去看这样的劳作场景，只需见一次，他们就会知道《诗经》的来源，胜过百次说教。

《诗经》里被采摘的植物特别多，有的入食，有的入药，有的可以做漆，有的可以建房子，各有用处。但有一种植物，叫卷耳，食乎？药乎？争议很大。

《周南》中有一首诗，头两句是“采采卷耳，不盈顷筐”。讲的是一个妇女，丈夫出征了，她一边采撷卷耳，一边思念征夫，采了许久还没采满一小筐。

卷耳是什么样子呢，三国时吴国有个学者叫陆玑，苏州人，当过乌程令，也就是湖州的地方官，他《诗经》读得好，专门写了本书来考释里面的动物、植物的名称，那本书就是《毛诗草木鸟兽虫鱼疏》，里面描述了卷耳的样子：

> 叶青，白色，似胡荽，白华，细茎蔓生，可煮为茹，滑而少味，四月中生子，正如妇人耳珰，今或谓之耳珰草，郑康成谓是白胡荽，幽州人谓之爵耳。

这分明就是石竹科卷耳属植物的样子，也就是我们现在植物学上称为“卷耳”的植物。朱熹注释《诗经》时，也有一句话，他说“枲耳，叶如鼠耳，丛生如盘”，描述的也是现在卷耳的样子，叶上密布绵毛，摸起来柔柔的，小如鼠耳。同时也说明，那时候卷耳也叫枲耳。

在十九世纪，日本有个学者叫细井徇，号东阳，曾为僧为医，颇识草木鳞虫，亦精通图画篆刻，画了本关于诗经的书，叫《诗经名物图解》，是这几年在中国流传最广的诗经图谱。里面有一幅图，左侧是车前草，右侧是卷耳，卷耳开白花，叶中亦有折线，就是现在卷耳的样子。

据此，我认为，《诗经》里的卷耳与现在植物学上的卷耳并无二致。

但这些年，还有很多爱植物的人考证卷耳的实物，说是苍耳，这是另外一种声音，所根据的大概有三个理由：一是苍耳能药用，名为苍耳子，可祛风散热，解毒杀虫，故而先人采之；再一个，苍耳子能粘人衣物，有勾连之意；其三，苍耳还有一个名字，叫胡枲子，前人在注释《诗经》里的卷耳时，也称卷耳为“枲耳”或“胡枲”，故而由此推论。

那么问题出在哪呢？应该是出在西晋的张华身上，他编了本书，叫《博物志》，里面讲到了苍耳，在说苍耳的来历时，他编了个故事：“洛中人驱羊入蜀，胡枲子多刺粘缀羊毛，遂致中国，故名羊负菜。”

这里的胡枲子指的是苍耳子，到他这里，一个名字涵盖了两个物种，后人以讹传讹，就越传越糊涂了。

考据归考据，单拎出来看，这个故事展示了苍耳最大的一个特点，能粘连。天生草木，春华秋实，每逢秋黄，于人兽飞禽而言，是最能果腹的时候；而对一年生草本来说，最期待的时刻就是传播种子。就像蒲公英一样，伫立在草木之间，静静地等待有风吹来，将种子飘到远方的土壤上，经冬寒、春暖，方可重生。

苍耳没有蒲公英一般的翅膀，等到秋来，它只能安静地等待。假如有一只

苍耳 *Xanthium sibiricum*

一年生草本，分布广泛，常生长于平原、丘陵、低山、荒野的路边，也是一种常见的田间杂草。苍耳的总苞具钩状的硬刺，常贴附于家畜和人体上，依赖动物传播种子。种子可榨油，苍耳子油与桐油的性质类似，可掺和桐油制油漆，或者作油墨、肥皂、油毡的原料。果实供药用。

小兽恰好经过呢，它的种子就紧紧地粘在小兽的皮毛上，散落四方。这种等待充满了绝望，但又不敢放弃。就像人们再苦再难，总会坚守梦想，万一有小兽路过，真的实现了呢？

就像张华笔下的苍耳，是羊背来的，自洛中入川蜀，而后遍布中国，皆毛刺粘连之功也。

前文说了，苍耳可入药，故而古人也采收它，只不过不采茎叶，只采种子，也就是苍耳子。读元代成廷珪的诗，有一首《寄周平叔就求苍耳子》，起首四句曰：

周侯久不通书问，夜夜沧江入梦频。
五月采来苍耳子，几时分送白头人。

古人长情，五月采来幼苗种下去，便想着秋后采收，送给白头老友。这句诗应该还用了白头苍耳的典故，是唐代大诗人温庭筠的故事，记载在宋代笔记小说集《北梦琐言》里。

温庭筠除了有诗才，擅写艳情诗外，亦才思敏捷，工于对联。李商隐得一联曰：“远比赵公，三十六年宰辅”，讲的是长孙无忌，先后辅佐太宗、高宗三十余年，位至赵国公，可惜未得偶句。温庭筠见了，马上给出了下联：“近同郭令，二十四考中书”，郭令是指郭子仪，曾任中书令，主管官吏考核多达二十四次。

唐宣宗热爱文学，与温庭筠亦有咏对。宣宗以药名出联曰“白头翁”，这是一种毛茛科的植物，根部干燥可入药；温庭筠对曰“苍耳子”，亦是一药。我常感慨古人读书，一是庞杂多闻，所见所识极为丰富；二是读万卷书，也行万里路，读的书总要去生活中印证，生活中的一草一木也可读到书中来，若只为一场科考，搏个功名，这书卷也就失去了太多的乐趣。

秋深了，衰草披离，苍耳子一簇簇挂在枯枝上，孩子们见了都要一拥而上，孩子气的成年人也是如此。我们离开自然太久了，总要回去的，一群人在山里打野仗，还有比这更好的武器么？

我总是想念二十年前的生活。秋日里，山野逐渐空旷起来，稻子已经收割，茫茫的稻田变成了孩子们的战场。日头西斜时，野火一丛丛生起，浓浓的烟雾和远远的烟囱遥相呼应。燃烧的稻草里不断发出噼里啪啦的声响，残留的稻穗里不断蹦出白白的爆米花，孩子们在疯抢。玩到酣处，战争就会开始，每人一把苍耳子，尖叫、奔跑，乡村与山野总会因为他们而变得热闹。

暮合四野，战场逐渐清冷。每个孩子都带着一身的苍耳子回家。家里等待他的，是饭菜与妈妈的责骂。

珊瑚朴

吴山上的黄叶

两周前我去南高峰，山上的珊瑚朴也都黄透了，风过山林，叶子漫天飞舞，是诗里的景象。它们落在石崖的缝隙里，落在阶下的苍苔上，落在灰绿的灌木丛中，也落在我的衣帽间，夹在书页里。

珊瑚朴

榆科 / 朴属

观赏时令：秋季。叶黄，果橙红。

分布区域：模式标本采自湖北巴东。多生于山坡或山谷林中或林缘，现在多用作行道树。

老杭州的很多乡语很有意思，骂别人是笨蛋，叫“瓜佬儿”，或者“六二”，过了六一儿童节，杭州人要集体恭贺“六二快乐”了。市井里闹事，一群人架秧子起哄，不说“隔岸观火”，而说“城隍山上看火烧”，有地点有情节，万人空巷，更有看西洋景儿的味道。

城隍山就是现在的吴山。外地人来杭州，只知道杭州城里有个西湖，其实西湖以前是在城外的，以其在杭城之西而得名。杭州城里的大观要首推吴山，春秋时为吴南界，以别于越，故曰吴山。吴山不高，但因为是在城里，可俯瞰山下的万家烟火，故而历代斯文皆聚于此，终成胜境。

看火烧的地点是望火楼，东岳庙的隔壁。光绪三十三年（1907），时任仁和知县向商绅募款，建起了这座望火楼，木质结构，高十米，巍巍然颇有气势。

建成后悬铜钟一口，曰“火钟”，是报火警的信号钟，故而望火楼也称为“火钟楼”。望火楼下，设官屋数间，驻有消防官兵，并备有水缸、沙堆、水桶、洒子、麻搭、斧锯、梯子、大索、钩爪等灭火器具。望火楼里，昼夜有人值勤。

遇到火灾，火钟就会被敲响。消防官兵根据响声判断起火地点：一声为今河坊街以南至凤山门，二声为河坊街以北至盐桥大街（庆春路），三声为盐桥大街至武林门，四声为钱塘门外，五声为武林门外及湖墅、拱埠，六声为凤山门、候潮门外，七声为艮山门外及笕桥，八声为望江门、清泰门、太平门外。

后来，城里的楼房越建越高，望火楼渐渐就成了摆设。2002年，最后一批驻扎的消防官兵撤退，只留下用于监视火情的监控设备，机器取代了人工，这似乎是社会的大趋势。

文人来吴山，可看浙江潮。清代康熙年间的《杭州府志》有这样的描述：

至若匹练横空，堆银拥雪，排宣鼓怒，势若雷奔，天下之奇，惟浙有之，而吴峰一望，则尤胜他处……

有潮，就有潮神，这是中国自古的规矩。潮神庙就藏在吴山上。吴山是由几座小山组成的，伍公山就是其中之一。中山南路上，鼓楼之侧，有一座很小的石牌坊，上书“伍公山”，字很端庄，是启功的笔迹。过牌坊，登台阶百余步，便是祭祀潮神的庙宇，称“伍公庙”。

伍公庙是祭祀伍子胥的。春秋末年，吴越争霸，伍子胥因遭谗言被诛，刑前有遗言曰：“抉吾眼悬吴东门之上，以观越寇之入灭吴也！”心底仇恨之烈，可想而知，与其伐故国、鞭尸楚平王毫无二致。

夫差大怒，命以鸱夷皮做囊，裹其尸投入钱塘江中。伍子胥该是中国历史上最有名的复仇者，生有余恨，死亦报之，民间传言，每当钱塘大潮来时，便见伍子胥素车白马，立于潮头，浪声喧腾一时，如千军过境。

杭州人苦潮久矣，多受其害；亦为怜伍子胥不幸，立祠于山，奉为潮神。我去伍公庙时已是深冬，大雪和冬至之间，虽是周末，却行人罕至，极为萧索。古人说庙堂败迹，皆曰“一片神鸦社鼓”，大概便是此等情形。

珊瑚朴 *Celtis julianae*

落叶乔木，当年生小枝、叶柄、果柄老后深褐色，密生褐黄色茸毛。叶片厚纸质，叶背也密生短柔毛，叶片基部接近圆形，稍微有点不对称。深秋叶黄，是园林中优良的变色树种。

入了山门，过神马殿（这个殿名很好记，有现代气息），是一座小院落。一侧是碑墙，雕刻着史记里的句子，一侧是廊亭，可鸟瞰杭州老城风貌。除此外，有老树两株，曰珊瑚朴，别无他物。

珊瑚朴和香樟，应该是这座山上最常见的树了。透过珊瑚朴黄绿的叶子和橙红的果子，可以见到御香殿的匾额。四面的屋顶皆是黑瓦，上面也落满了珊瑚朴的叶子，黄黄的颜色，满满地堆积在瓦沟里，在等待北风，等待冬雪。地上的叶子散落着，老翁持竹帚晃悠悠地跨门进来，扫成一堆，又晃悠悠地持帚而去。风一起，又是一地。

御香殿后面是忠清殿，再而后是潮神殿，这两座殿外也落满了珊瑚朴的叶子。院子里并没有珊瑚朴，树长在了院子外面。一棵树覆盖了两座殿，可见其树冠之大，枝叶繁盛。我从潮神殿的侧门出去看，是一株一人抱的大树，树上挂着“古树名木后备资源”的牌子，被保护起来了。

这座山上有很多古树名木，百年以上的香樟不在少数。古树是指树龄在100年以上（含）的树木，名木是指国内外稀有的以及具有历史价值和纪念意义及重要科研价值的树木，一旦挂了牌子，就算是在林业部门有了身份证号，地位不同了。

后备资源要低一个等级，是指树龄在 50 年（含）到 99 年的乔灌木，也有编号，不能随意破坏了。这个政策很好，它不仅让更多的大树有机会长到百年，也能让草木有尊严地在这世间与人相处。

潮神殿后面是海会寺遗址，海会寺又名石佛智果院，为吴越王钱氏所建，寺内有观音阁，杭州人称为观音娘家。每逢旱涝，僧众去往城外的上天竺迎奉观音大士来此供养，风俗千年不变。直到 20 世纪 50 年代，寺院被毁，这脉佛缘才算断了。

遗址前是州治广场，广场上又有几株珊瑚朴，皆年过五十。有一株似是遭遇过雷劈，枝干内空空如也，颇显沧桑，树冠却依旧枝繁叶茂，长得极好。

伍公山的珊瑚朴很多，叶子却都未黄尽，还有许多是绿色的。三周前我过虎跑，虎跑路上的珊瑚朴已经满树金黄，可装点湖山了。来杭州的人愿意在这些路上拍秋色，法国梧桐、落羽杉、珊瑚朴，皆能为西湖增色。

两周前我去南高峰，山上的珊瑚朴也都黄透了，风过山林，叶子漫天飞舞，是诗里的景象。它们落在石崖的缝隙里，落在阶下的苍苔上，落在灰绿的灌木丛中，也落在我的衣帽间，夹在书页里。

珊瑚朴的叶子很好认。这种榆科朴属的落叶灌木有着厚实的叶片，叶柄和叶背都密被短柔毛，摸起来软绵绵的，盖在毛毛虫的身上，简直是冬天的鸭绒被。榆科的大部分植物叶片都是歪屁股，也就是基部偏斜不对称，珊瑚朴遗传了这个强大的家族基因。此外还有一个特点，就是叶脉三出。珊瑚朴的叶脉漂亮，适合做成叶脉书签，尤其是黄叶，叶脉在叶背凸起，纹理清晰，逆着阳光，如同一条条坚硬的墨线在黄色的底稿上历历可见，是大自然在草木上留下的图画。

叶子落到地上，渐渐卷曲，变成棕褐色。时间长了，水分蒸发殆尽，便和其他枯叶无异，人和小兽踏上去，发出细碎而清脆的破裂声，那时，冬天就已经很深了。

珊瑚朴的果子也美。叶子落时，果子也熟了。我在野外上自然课时，结识了一个孩子，她妈妈很会利用自然，化腐朽为神奇。有一次她发了张图，满壁的书架上，有一格放着色调清冷的陶瓷酒瓶，瓶里插着一枝黄果的珊瑚朴，极简单，却冷暖相对，意境全出。

珊瑚朴的果子橙黄色，一颗颗都很饱满，像天子的珊瑚朝珠。魏晋以前，天子之冕多用白玉珠，到了魏明帝曹叡时，好妇人之饰，改以珊瑚珠。此后珊瑚珠也就渐渐在两班文武的顶戴配饰中多见起来了。植物以珊瑚冠名，多是取果子的颜色形状，比如珊瑚樱，还有常见的珊瑚树。

珊瑚朴的果子我尝过，有点甜，却不中吃，因为核太大了，没什么肉。至于有毒没毒，我不清楚，反正我还活着。顺便提下，珊瑚樱很多人家都种，虽是茄科的，和小番茄又有点像，但它是有毒的，要控制住自己的好奇心。

现在在杭州，珊瑚朴作为行道树开始“攻城略地了”。它在城里张扬，一条街道一条街道地蔓延下去，到了秋冬，叶子黄了，它高兴，人们也欢喜。它也在山里静守，老山坳，古庙旁，叶子落满了黑瓦的屋顶，也落满了青史宫墙。

我走过古老的茶秋弄，走在伍公庙的殿门外，心底有着近处的欢喜，也有着远古的荒凉，青史与草木皆在，外寇仇雠早已落入云烟，所余的不过是一树一庙一老翁而已。老翁很老，在听《文昭关》，余派老生凌珂唱道：

鸡鸣犬吠五更天，越思越想好伤惨。想当初在朝为官宦，朝臣待漏五更寒。到如今夜宿在荒村院，我冷冷清清向谁言？我本当拔宝剑自寻短见，寻短见，爹娘啊！父母的冤仇化灰烟。我对天发下宏誓愿，我不杀平王我的心怎甘！

访野

在天气晴好的时候，或与三二友人，或和家人一起，在山间、溪旁走访那些世外草木，是世间绝好的光景。在这时，人们往往会惊叹大自然造物的神奇，是城市里的人所难以触及的。

天目地黄 以天目之名

天目地黄，一听就知道和天目山有关系。以天目山命名的植物大多都很漂亮，比如天目凤仙、天目木兰、天目琼花，可惜的是城里都不大能见到。

天目地黄

玄参科 / 地黄属
观花时令：暮春。
分布区域：多生于阴湿的山谷，溪畔。

杭州植物园有座百草园，里面种了很多野外才能见到的植物，或食用或药用，每一种都能说出名堂来。据说有人会进去挖草药，前两年关闭了很长一阵子，让人很想念。我中间偷着溜进去好几次，后来朋友聊天，发现溜进去看植物的人还不少。

去年又重新开放了。但园子里安排了几名保安，他们每天守在百草轩里，成了真正的百草守护者。

3 月份的时候，听说里面的浙贝母开了，就颠颠儿地跑去拍。贝母是一类著名的中药材，但分得比较细，有川贝、浙贝、平贝等，功效也各不相同。

浙贝，顾名思义就是浙江产的贝母。浙江的道地药材很多，但最出名的属“浙八味”（白术、白芍、浙贝母、延胡索、杭白菊、笕麦冬、玄参、温郁金），浙贝位列其中。

虽是药材，但浙贝颜值极高，黄绿色的花朵，如美人垂首亭亭玉立，有扶风摆柳的姿态和韵味。更有意思的是它的花朵内部，就像古典园林的地面铺装，一个个不规则的图形碎片聚在一起，竟也是很美的装饰。

这座园子里，浙贝母只有几株。我拍植物纯粹是为了记录，拍了一阵子就结束了，便在园子里瞎逛。我就是在瞎逛时遇见了天目地黄，这是自然给我的惊喜。

说到地黄，我们很容易想到六味地黄丸。六味地黄丸里的地黄是北方的植物，浙江不大见得到。在中药里，这两味当有天壤之别，不能乱用。

天目地黄，一听就知道和天目山有关系。以天目山命名的植物大多都很漂亮，比如天目凤仙、天目木兰、天目琼花，可惜的是城里都不大能见到。

除了杭州植物园，我见到天目地黄较多的地方就是桐庐的白云源。白云源紧挨着富春江，是富春江沿岸最高的山峰。从芦茨进山，约五十分钟可至景区

天目地黄　*Rehmannia chingii*

草本植物，植株密生长柔毛，基生叶莲座状排列，叶边缘有不规则锯齿。暮春开花，花紫红色，极其绚烂。喜欢阴湿环境，分布于浙江、安徽，生于海拔 190 ~ 500 米之山坡、路旁草丛中。

入口，住一晚。次晨照例是被涧水声唤醒。走野路上山，有水处皆有天目地黄，看到后来也就麻木了。

此时已是四月中旬，花期比植物园的整整晚了一个月。

和植物园还有不同的是，此处是天然造化，更容易形成群落，只要看见一株，便有一大片在等着。

这种玄参科地黄属的植物，开花时高度可达四五十厘米，粗糙的叶子上两面都有白色柔毛，边缘具锯齿，基生叶排列成莲花座，不开花时难以引人注目。

一旦开花，就极其艳丽了。花冠五裂，唇形花朵，红色或紫红色。和很多唇形或钟形的花类似，花管里藏有花蜜，我吸了几朵，颇为失望，这么大的个子，蜜反不如活血丹多。也许是因为它的花本就艳丽，不需要再费尽心机去讨好昆虫了，这也是大自然的一种平衡。

白英　藤蔓上的红玛瑙

白英作为草质藤本，茎和小枝上都密布柔毛，白色的，毛茸茸，故而中药里管它叫白毛藤。这种白毛在逆光的时候极美，尤其在深冬，叶子都落光了，小枝上残留着几串红果，阳光落在枯枝上，银光闪闪，毫发毕现。

白英

茄科 / 茄属

观赏时令：夏秋。

分布区域：在中国分布广泛，南北皆有，喜生于山谷草地或路旁、田边。

前一阵子看阿来的《成都物候记》，有一句话很打动我，他说，“我不能容忍自己对置身的环境一无所知”，故而，他开始观察身边的草木。这不是狂妄，亦非严苛，而是对自然的谦逊。

昨天去黄龙万科中心那边的星巴克会朋友，一走到写字楼附近，发现大家都很忙碌，咖啡馆里到处都是电脑，手机也闪亮着，走路带着风，行色匆匆。我瞬间就想到了阿来的这句话，也瞬间感谢自己当年逃离了这种环境。

我现在比以前忙，但心灵常有慰藉。我愿意永远属于自然。

白英　*Solanum lyratum*

草质藤本，茎及小枝均密被具节长柔毛。叶互生，多数为琴形，夏秋开花，深秋果熟，果实红色如玛瑙，晶莹剔透。

我也期盼人们都属于自然。去看春天的第一朵花，去尝入秋的第一颗果，自然留给你的，都是她偷偷留下来的，只给你一个人，只属于你一个人。虽然，她对其他孩子也一样。

入冬以来，我经常带孩子上山，看黄的叶子，也看红的果子。白英就是在南高峰看见的。

南高峰半山腰有座血园陵，去过的人都应该知道。是国民革命军第二十一师将士阵亡墓地，埋葬了 200 多名英烈。就在陵园旁边，长了一丛丛的白英，结着红的果子，像小号的圆番茄。

这是我见过的面积比较大的白英丛，枝枝蔓蔓的爬了一大片，挂满了红果。它们就玛瑙一般坠在那里，红艳艳的，不言不语却引人注目。我当时想，它肯定不是在招惹人，而是在吸引四海为家啄果而食的小鸟。

大自然总有些精明的设计。这些小颗粒的植物果实，在冬天就变得红艳艳的，让小鸟很轻松就找到它们。果肉为鸟类提供了营养，种子消化不掉，被鸟粪包裹着落入泥土，生根发芽。因为这种默契，白英也会迎合小鸟的喜好，在漫漫冬季悬于枝头。顾城说：

> 草在结它的种子
> 风在摇它的叶子
> 我们站着，不说话
> 就十分美好

在自然里，看见了这样一树美的红果，还用得着说话么？孩子们都抢着尝它的味道。可惜，实在不好，有辛辣味，还略苦。孩子们说，不如龙葵好吃。其实都不宜多吃，略带毒性。

白英和龙葵都是茄科的，浆果鲜嫩多汁，水灵灵的。入冬以后，果子熟透，果皮变得半透明，可以很清晰地看见密密麻麻的种子。种子就是缩小版的茄子籽，一看就知道是一家人。

白英作为草质藤本，茎和小枝上都密布柔毛，白色的，毛茸茸的，故而中药里管它叫白毛藤。这种白毛在逆光的时候极美，尤其在深冬，叶子都落光了，小枝上残留着几串红果，阳光落在枯枝上，银光闪闪，纤毫毕现。

茄科植物的花很多都很类似，茄子、土豆、龙葵、番茄，都是花冠 5 裂成 5 瓣，撅着屁股拼命往后翘，将花柱远远地伸出来。

叶子多数是琴形叶，学过古琴的人会比较好理解。叶片基部有 2 裂，像是琴头上的肩颈。古琴最早是什么样子我们无从得知，现在的形式改变也极大。可以看看现在最普遍的十四种琴式，琴形叶总还是有些琴的意味。还有现在很流行的琴叶榕也是琴形叶，摆在家里或者宽敞的办公室很见品位，只是过冬比较麻烦。

油点草　谁在荒野打翻了烛台
第一次见面，是在春天。油点草从土里长出来，绿的叶子上有一块块黑斑，就像油渍滴在了白纸上，留下星星点点，仿佛赶考的书生夜宿狐狸洞，在这荒郊野岭打翻了小姐的双层烛台。

油点草

百合科 / 油点草属

观花时令：夏季。

分布区域：生于海拔800 ~ 2400米的山地林下、草丛中或岩石缝隙中，现在城市周边也很常见。

第一次看见油点草，是在良渚的大雄山里。

山的一边是良渚文化村，铺好了游步道，可以从竹径茶语上语儿古道，最远能走到现在的七贤郡；另一边是七贤桥村，那个时候还没有开发，荒芜、野性，被闲置多年。我愿意去这样的山野，能看见自然不被打扰的样子。

那是一个幽静的山谷，已经被封好多年了，村委会在出口的地方筑起了围墙，一扇很大的铁门每天锁着，除了巡山的护林员和毛竹场砍山的工人，不准外人进去。我偶尔会翻墙进去，因为喜欢里面的静谧与神奇。

山谷里有一个不小的水库，是还有人民公社的时候人工挖出来的。水库旁住过人家，现在房子都坍塌了，长满了蒲儿根和葛藤。但仔细看，房屋的格局都还在，依旧清晰地保留着人居的痕迹。

我在这里见过很多的植物和昆虫，也留下一串串脚步。也许不久后，这座山谷将变成住宅区，我也不会再去了，它和那些生灵，就只能活灵活现地住在我心里。

心之所系，他乡必将重逢。

我在这里见过最安静的植物，应该就是油点草了。

第一次见面，是在春天。油点草从土里长出来，绿的叶子上有一块块黑斑，就像油渍滴在了白纸上，留下星星点点，仿佛赶考的书生夜宿狐狸洞，在这荒郊野岭打翻了小姐的双层烛台。植物以此而名，通俗易懂，我很喜欢。就像杜鹃，子规啼时杜鹃开，多妙，总比叫什么“腺梗豨莶”之类的有意思多了。

油点草 *Tricyrtis macropoda*

草本植物，绿的叶子上有一块块黑斑，就像油渍滴在了白纸上，留下星星点点。入夏开花，花分上下两轮，犹如欧式喷泉。

油点草叶子上那些黑斑，幼苗时期尤为明显，到了秋季开花时，叶子上的油点大多都消失不见了。

真正看见油点草开花，是前一阵子在杭州午潮山。秋肃山寂寂，山花暗流香。这种隐居山林的草花再一次证明了百合科植物的高颜值。

油点草的花很有特点，就像一个个欧式喷泉，正在喷薄而出。6 枚花被片就像是喷泉的下层，分两轮，白色的底色上布满了紫红斑点；柱头 3 裂，每个柱头顶端又分叉成 2 裂，也都是白色的底色上布满紫斑，就像喷泉雕塑的第二层；6 根雄蕊如水柱一般高高升起，末端又垂落下来，极具动态之美。

也有人说它的花像古雅的烛台，搭配上花瓣上妖魅的紫色斑点，也只有精怪洞府才配得了这样的摆件。山林三更，云遮半月，一盏盏烛台上星火点点，那是精灵们的狂欢，我们未能相见。

花后结果，果实是百合科典型的蒴果，直立而生。果子纤细小巧，像是跳天鹅湖的舞者纤细的足，迎风而立。仿佛你一伸手，它便要翩然逃走，隐遁到一个你再也找不到的地方去。

《中国植物志》说，油点草生于海拔 800 ～ 2400 米的山地林下、草丛中或岩石缝隙中。

其实，现在在城里很多地方偶尔也能见到它，只不过多是人们从山里带出来种植的，难以见到山野里的那股气。植物是有气的，离乡背井，水土不服，它就委顿了，难有山里的那股精神。

住在城里，它也思念家乡。

大花无柱兰　山中隐士

也许是自知单薄，大花无柱兰常喜欢小群体聚族而生。你发现了一株，大约就能找到一丛了。

大花无柱兰

兰科 / 无柱兰属

观花时令：暮春。

分布区域：产于浙江，多生于海拔 250 ~ 400 米的山坡林下覆有土的岩石上或沟边阴湿草地上。

离开浦江的时候已是傍晚，路上行人稀少，空气里渐渐生起了柴火的味道。这让我想起了江南。我们久在江南，却总会忘记江南的模样。古桥流水，万家炊烟，油菜在层层叠叠的田里结籽，房子也在田野里层层叠叠地铺展开来，万物皆入画。

车子就在画里行驶着，东坡说“暮色千山入，春风百草香”，是极应景的题跋。走在乡间无人识，却常有人能热情地打个招呼，是俗世的客套；偶尔也坐下，是一杯水的交情，端茶送客，各自相忘于江湖。

真的进了山，也就难以遇到人了。好在草木中从不缺少隐士，我常常进山，也常常邂逅它们，如晤故人，是真心的欢喜。

就在浦江的山里，我遇见了大花无柱兰。

大花无柱兰是兰科无柱兰属的地生草本植物，无柱兰属开花都很小，大花无柱兰是这个属里花型最大的。看到它，会颠覆人们对兰花的印象，因为实在是太小了，而且是单叶的草本。也就是说，每株植物只有一片叶子，叶片卵形或狭椭圆形，单看一株，很有些茕茕孑立的味道。而且植株并不高，《浙江植物志》记载大花无柱兰植株高 8 ～ 16 厘米，可我走遍山谷，只看见了“8”，看不见“16”。

也许是自知单薄，大花无柱兰常喜欢小群体聚族而生。你发现了一株，大约就能找到一丛了。我自通济桥水库而上，一入山便少有人烟。在浙江，很多地方的水库都是照着千岛湖的样子去修的，不像是水库，更像是湖泊，这是我特别喜欢的，水天一色，虽由人作，却是自然的样子。通济桥水库是 1961 年

大花无柱兰　*Amitostigma pinguiculum*

草本植物，每株植物只有一片叶子，叶片卵形或狭椭圆形，植株矮小，常常小群体聚族而生。

拦截成功的，位于浦阳江上游前吴乡境内，前吴乡有个前吴村，现在成了民宿聚集地，临着通济湖，有一两分洱海边的味道。村子不大，倒是出了不少名人，现代书画界的吴茀之、吴山明便生长于此，故而书法画作，光影变幻，有烟雨味。

这一片山谷多丹霞地貌，春季滋润，有水从石壁里沁出来，形成冰凉的水幕，顺着石壁的沟沟壑壑流淌而下，没有声响。苔藓长得极好，大块大块的，地毯一般。我就是在这样的生境里遇见了大片的大花无柱兰。据说是浙江特有种，国家二级保护植物，模式标本就采自浙江宁波。很多植物都这样，一旦春光外泄，就会不断给你惊喜，让你看个够。我一路走一路拍，到了最后，就懒得拿起相机了。

大花无柱兰的花型极有意思，我总觉得像是粉红的猪八戒，两扇大大的耳朵，肩头上还扛着它的九齿钉耙；也有说像个裸男的，但是被吊起来了，很无助的样子，要不然怎么叫“大花无助男”呢？花色粉红偏紫，从基部抽出的花序是开着的一朵花，据说偶尔也能看见两朵并生的，就像小时候罚站，有个陪罚的站在一起，会显得不那么孤单；可惜我找了很久，没有这个机缘。

大花无柱兰还有一个很明显的识别特征，就是花距特别长，可达 15 毫米。一般人把花距叫作“屁股”，其实是一些植物的花瓣向后或向侧面延长成管状、兜状等形状的结构，是花瓣进化的结果。

它们长成这样不仅仅是“拗造型”，距里面通常有腺体结构，腺体分泌的蜜就贮存在距里，昆虫为了吸食蜜糖就得钻进花里，客观上起到了传粉的作用。比较常见的刻叶紫堇、凤仙花、紫花地丁都有细长的距。

昆虫授过粉，大花无柱兰就该结出蒴果。果子我没见过，故而心生惦念。这是自然让我心生羁绊，使我时时往顾，永不会走远。

紫珠
山中秋果
紫珠好看的只有它的果子。自然能造出这么紫的颜色，待成熟时便让叶子落尽，果子作丽出场，也是费尽了心机。且让它长得这么小，这么圆，捡一枝回去插在案头上，感觉是皇家的待遇。

紫珠

马鞭草科 / 紫珠属
观赏时令：深秋及冬季。
分布区域：中国大部分地区都有分布，多生于林缘及灌丛。

有一年入秋后第一次见到紫珠居然不是在山上，而是在江洋畈生态公园。那是我第一次去，一进门便是一大丛青葙，长着紫红的叶，开着紫红的花，因为量大，便觉着与他处不同。

再往前就是一大丛紫珠了。叶子已经七零八落，一粒粒的小果子挤在一起，攒成团长在枝条上，紫得真好看！

再往里走，没多远就长着一株，一直连绵到花池尽头。这便是人工种植的痕迹，山里植物便不会有这样的规矩。我一路走，一路哇哇乱叫，但没多远，也就麻木了。

紫珠好看的只有它的果子。自然能造出这么紫的颜色，待成熟时便让叶子落尽，果子华丽出场，也是费尽了心机。且让它长得这么小，这么圆，捡一枝回去插在案头上，感觉是皇家的待遇。

若是落在了盘子里，虽无声，却能有叮叮当当的声响效果。白乐天听琵琶，说“大珠小珠落玉盘”，其享受也不过如此吧？

后来几次上山，都见到过。尤其是南高峰，总是不经意间的一个山道拐角，满目皆灰绿，突然现出一枝紫色的果子来，让人欣喜。

当年函谷关，尹喜立于山丘，于茫茫宏宇中惊见紫气东来，惊喜万分。自此而后，紫色愈贵，至齐桓公，甚好紫服，举国皆服紫，现在想想，颇为壮观。时过两千年，那举国皆紫的景象早已不见，唯有这抹紫色是自然造就的，还藏在山间。

紫珠是马鞭草科紫珠属的落叶灌木，在江浙山区还是很常见的，让我奇怪的是小时候居然一点印象都没有，应该是真的没见过。

它们高约 2 米，一般常见丛生，小枝、叶柄和花序均被粗糠状星状毛。叶片卵状长椭圆形至椭圆形，边缘有细锯齿，还有一个特点，是叶子两面都有柔毛，再仔细看，叶子上密密麻麻的长着很多暗红色或红色细粒状腺点，用放大镜可以看得比较清楚。

紫珠 *Callicarpa bodinieri*

灌木，高约 2 米，一般常见丛生，小枝、叶柄和花序均被粗糠状星状毛。叶片卵状长椭圆形至椭圆形，边缘有细锯齿，还有一个特点，是叶子两面都有柔毛，再仔细看，叶子上密密麻麻地长着很多暗红色或红色细粒状腺点，用放大镜可以看得比较清楚。秋后果实成熟，紫色，可作花材。

紫珠是夏季开花，约在六七月。花冠紫色，聚伞花序，毛茸茸的一团又一团，有点像做盆景时修的云片，真有点紫气东来的味道。花序梗极短，长不超过 1 厘米，所以等它结果后会发现果子仿佛是从枝条上直接生出来的。果实球形，熟时紫色，无毛，径约 2 毫米。

还有一种紫果的植物也很漂亮，叫紫玉珊瑚，这是商品名，去花市可以见到，是茵芋属的植物，芸香科常绿灌木，叶子有点香味。因为我看见的是商品花卉，卖相极好，给人送植物，明显要比发财树、幸福树高好几个档次，只是价格也有点吓人，都在千元以上。

另一款茵芋属的，商品名叫红玉珠，果实比紫玉珊瑚要大很多，和枸骨、南天竹之类的果子很接近了，也是一簇果子顶生着，红艳艳的，不如紫玉珊瑚贵气。

人比人得死，货比货得扔，这也是千年不易的道理。

朱砂根

过了唐樟，就可以找到黄金万两

我见过成片的朱砂根，是在良渚大雄寺后山的山坳里。山坳多溪涧，水汽足，两侧的竹林和松树林的疏林下长满了朱砂根，不是一棵两棵，而是一片片，已经形成了群落。

朱砂根

紫金牛科 / 紫金牛属
观赏时令：深秋至早春。
分布区域：多生于密林下阴湿的灌木丛中。

每近年关，花市里就有朱砂根成片成片地摆着，层层叠叠，绿叶聚成的伞盖下挂满了红玛瑙。你说买朱砂根，没人理你。

“黄金万两来一盆。”“得咧，给您搬车上了。”

年宵花卉多有吉祥的名字，马拉巴栗叫发财树，菜豆树叫幸福树，白掌是一帆风顺，最凑合的，橘子也得叫年橘。逢年过节买一盆，图个喜庆，讨个口彩，吉祥！

餐馆里也有黄金万两，清炒玉米粒。这个还说得过去。

我最近一次看见朱砂根是在杭州南高峰。

自法相巷而上，沿路皆有遗迹。先是高丽寺，五代时吴越国钱镠所建。最早名为慧因禅院，也称慧因寺，以华严宗为教统。北宋元丰年间，高丽王子义天来寺请从华严教，竟其学以归。元祐二年（1087）再次跨海而来，带来《华严经》300部，在当时算是大事，该寺也因此改称为高丽寺或慧因高丽寺。

王子出家，本不稀奇的，释迦牟尼就开了个头。南朝梁武帝萧衍，一言不合就舍身入寺，让大臣们拿钱来赎，则算是奇事了。至于王子义天，虽履了凡尘，却是超然世外的，人们记起他，先是王子，而后才是高僧，这是世俗之见。高丽寺外的照壁上题着“华严第一山”，此山上当有义天一席座也。

现在看见的高丽寺是2007年重修的，去的人不多。每年会有水仙、郁金香、百合三个花展，是值得去走走的。

再往上就是唐樟。杭州古樟较多，尤其是吴山，在城隍阁景区，茗香楼前有宋樟，已逾八百年。百年以上的古樟树在杭城并不稀奇，但年龄最大、历事最多的当属这株法相唐樟。

法相唐樟，原有法相寺，后来被毁，踪迹难寻了。张宗子在《西湖梦寻》

朱砂根 *Ardisia crenata*

常绿灌木，叶子边缘具皱波状或波状齿，具明显的边缘腺点，两面无毛。秋冬季节果子成熟，红色，挂果期很长，可到次年仲春。现在有培育出来的园艺品种，在年宵花市上都有售卖。

里有载，法相寺俗称长耳寺，后唐时，有高僧法真，“生有异相，耳长九寸，上过于顶，下可结颐，号长耳和尚”。天成二年（927年），自天台国清寺来游，钱镠待以宾礼，居法相院。

长耳和尚圆寂后，弟子漆其真身，供于佛龛，从此香火鼎盛。不过来拜谒的多是妇人，据说大和尚可赐子，妇人争摩顶腹，漆光可鉴。

许多人喜拜佛，也喜摸佛，铜铸的弥勒都能磨成镜，况其漆乎！

明末文人李连芳，我记住他是因为他的一句话。阉人魏忠贤把持朝政，广建生祠，李连芳拒与拜谒，且对人说：“拜，一时事；不拜，千古事。”此乃文人气节，可为士林翘楚。他有一年在法相寺送友，写了一首诗，极好：

十年法相松间寺，
此日淹留却共君。
忽忽送君无长物，
半间亭子一溪云。

以亭、云送友，多雅致，再加上一树唐樟，该当永生难忘了。

我见到唐樟时，已经不复枝繁叶茂。大部分都已枯败，只有一枝斜斜的侧枝上长了叶子，颜色也不好看了。整株树都由铁架支撑着，奄奄一息的样子。

英雄迟暮，虽有气势，却也悲凉。

过了唐樟，就正式爬山了，道旁草木繁盛，叶黄果红，菝葜、接骨草、白英、鬼箭羽，都结着果，一直红到山顶的骋望亭。朱砂根也藏在树林里，一株两株的散落着，不成气候。

我见过成片的朱砂根，是在良渚大雄寺后山的山坳里。山坳多溪涧，水汽足，两侧的竹林和松树林的疏林下长满了朱砂根，不是一棵两棵，而是一片片，已经形成了群落。

我没观察过朱砂根的果子是什么时候开始红的，但可以肯定杭州 11 月有的朱砂根果子已经红了，而第二年四五月份还能在山里见到红果，挂果期相当长。这与其生境阴湿不无关系。如果家养，建议遮阴。

可不管在哪里见到的，结果量都不如花市里的丰盛。所以，如果真的想种，还是建议去花市里面买，而不用去野外挖。花市里的是“千足金”，野外挖回去的，最多就是“18K”，还是“镀金”，大过年的送人一盆黄金万两，总还是要有点家财万贯的气势比较好。

鹅掌楸　秋天的黄马褂
很多人都爱它的叶子，却不知春花也同样不能错过。花杯状，像一只精致的琉璃盏，一簇簇叶子捧着，盛满了琼浆玉液。

鹅掌楸

木兰科 / 鹅掌楸属
观赏时令：暮春赏花，深秋赏叶。
分布区域：现在多为栽培种，公园多见。

过了寒露，我养的最后一只蛐蛐儿也慢慢老死了。在它去世的前一天晚上，窗外下着雨，我关上灯，任它在罐里纵声鸣唱，声音很大，却不清亮，没有了精气神，像在告别这个世界。

我怕蝈蝈的闹腾，却喜欢听蛐蛐的叫声，唧唧复唧唧，像书房里的背景音乐，若有若无，仔细听，却又一咏三叹，清幽婉转，能叫到你的心底去。欧阳修闻秋声，作《秋声赋》，曰“但闻四壁虫声唧唧，如助予之叹息”，我总以为，此虫当为蛐蛐儿。

那夜，我读了济慈的诗，给它送行：

大地的诗歌呀，从来没有停息
在寂寞的冬天夜晚，当寒霜凝成
一片宁静，从炉边就响起了
蛐蛐的歌儿

我再也见不到它抻须、疾驰的样子，见不到它在斗场上的威武，可它唱的歌却留在了心里，使我时时念起。

蛐蛐儿是秋虫，也是秋神。甲骨文的“秋”字，便是一只活灵活现的蛐蛐儿。古人观万物变化就知道季节流转，蛐蛐儿开始唧唧而唱的时候，说明秋天到了，是立秋时节；及至深秋，草木凋零，秋天也快过完了，便是蛐蛐儿归去的时候，几场秋雨，一场秋霜，自此而后清音难聆。

虫儿不见了，树叶也纷纷落下。我带孩子们去植物园赏秋叶，银杏、悬铃木、无患子的叶子都开始黄落，还有鹅掌楸，早已在地上铺了厚厚的一层黄叶，孩子们捡了一片，又捡了一片，最后干脆躺上去打滚。我只在一旁笑着，任他们放肆。

植物园里黄的叶子很多，孩子最喜欢鹅掌楸，因它长得像一件黄色的小马褂，故而有个小名，叫马褂木。也有说像鹅掌的，所以叫鹅掌楸，许多孩子都

鹅掌楸 ***Liriodendron chinense***

落叶乔木，白垩纪的化石中，就有它的身影，到新生代第三纪这个属还有十多种，但大部分都没有逃过第四纪冰期的毁灭，现仅孑遗鹅掌楸和北美鹅掌楸两种。叶形独特，像黄马褂。花杯状，像一只精致的琉璃盏，也有说像郁金香的，它的英文名称是“Chinese Tulip Tree”，翻译过来就是“中国的郁金香树”。

没见过鹅掌，对这个名字没什么兴趣。想让孩子喜欢自然，总要让他们与自然产生连接才行。

他们捡了一大捧鹅掌楸的叶子，沿着中脉画上一粒粒纽扣，真的就成了叶子衣裳。再用丝线一片片串起来，高高低低地挂在枝丫上，眨眼间就在草地上开了一家服装店。我喜欢这样的服装店，一块糖可以买一件衣裳，一句夸奖也可以换一件衣裳，它收藏着这个世界上最纯净的真、善、美。

鹅掌楸是木兰科鹅掌楸属的落叶乔木，在生物界的辈分极高，白垩纪（始于 1.37 亿年前，终于 6500 万年前）的化石中，就有它的身影。它这一支也曾经人丁兴旺，到新生代第三纪还有十多种，但最终大部分都没有逃过第四纪冰期的毁灭，绝灭于世。现仅孑遗鹅掌楸和北美鹅掌楸两种。同样孑遗下来的，还有人们熟知的水杉和银杏。

除了鹅掌楸和北美鹅掌楸，还有一种是杂交鹅掌楸。是以 20 世纪 30 年代从北美引种的北美鹅掌楸为父本所培育出来的，开创者是南京林业大学的叶培忠教授。这种杂交鹅掌楸生存能力相对更强，易于栽培，故而在很多校园和公园里更容易见到。

丁酉年春四月，我去西溪湿地附近办事，提前到了，就去西溪壹号对面的小公园看看植物。橘子开花了，依旧是难以忘记的清香，锦带花和黄菖蒲也开着，野蔷薇是最热闹的，那时是它的季节。难得的是，还见到了几株鹅掌楸，暮春的绿色太浓，很容易就忽略掉它。找了半天，没有看见花，很遗憾。

后来又去临安的农林大学，再次重逢了。满树的花，美得一塌糊涂。这种兴奋，仿佛是去年秋季万岁爷刚赏了黄马褂，今岁春暮，又赐了酒。

很多人都爱它的叶子，却不知春花也同样不能错过。花杯状，像一只精致的琉璃盏，一簇簇叶子捧着，如同盛满了琼浆玉液。也有说像郁金香的，它的英文名称是“Chinese tulip tree”，翻译过来就是“中国的郁金香树”。

花朵有 9 枚花被片，分两大轮，里轮 6 枚，外轮 3 枚。花被片是植物学上的专业用语，指的是当花瓣和萼片长得很像，无法区分时，就将它们合称为花被片。外轮的 3 枚花被片绿色，仿佛蒙着一层白霜，呈现萼片状，向外反卷；里轮的花被片像直立的花瓣，绿色的底子衬着黄色的条纹，煞是好看，但总体偏绿，匿在绿叶中很难发现。

杂交鹅掌楸的花色要艳丽多了，里轮 6 枚花被片呈橙黄色，甚至橘红色，红绿是对比色，它开了花，即便叶子再深，也藏不住了。

偏翅唐松草　雾里的野花一本

雾里的山路上，唐松草弯弯扭扭，攀缘在其他植物上，总能长出一两米的高度来。圆锥花序一串串的倒垂着，像杭州四月的紫藤，却又精致得多。因为花很繁盛，又是娇艳的粉紫色，在山里极为耀眼，能让人止步踯躅。

偏翅唐松草

毛茛科 / 唐松草属

观花时令：夏秋开花。

分布区域：多分布于较高海拔的林地、山谷，云南、西藏、四川多见。

从云南回来后，总感觉那里很遥远，没去过一样。但一静下来，又总有一幕幕的风景与建筑在脑海里划过，让我想念那里。时间一长，记忆的线断了，但走过的路、遇到的人不会被抹去，他们如珍珠落入草地，总有浮现的日子。

更何况，现在凡走过，必有照片。

这次真的拍了太多的植物，我想，还是不能让它们只躺在文件夹里，得让它们活在我的文字中。那就开始写吧。能写多少，我也不知道，就当是个记录了。

偏翅唐松草是在昆明植物园看见的。昆明植物园有座百草园，杭州植物园也有座百草园，可能是别人家的月亮圆一点，我一进去就觉得很美。这些年养成了个习惯，到一个新的城市总要去植物园转转，算是拜码头。植物在我心中才是这个世界真正的主人，在人类未出现之前，它们已经占山为王。我总想，人有什么可牛的呢，百年之后，总是野草长满坟头。

《红楼梦》里的跛足道人唱道：

> 世人都晓神仙好，唯有功名忘不了！
> 古今将相在何方？荒冢一堆草没了。

所以说，人活着的时候，总得对那些草木好一点，百年之后，它还要来装点你的坟茔，你却无处谢它了。

九月份的昆明植物园，偏翅唐松草开得正盛。傍晚时分，斜阳透过枫香的枝丫与叶片落下来，光影晕染着花影，真是美丽。在我去过的所有城市，植物园都是极安静的所在，我站在如烟如雾的花影里，站在夕阳下，站在寂无人息的角落，与它独处。也曾有其他人与它独处，各有各的故事，各有各的所得。

偏翅唐松草　*Thalictrum delavayi*

草本植物，茎下部和中部叶为三至四回羽状复叶，夏秋开花，粉紫色的并不是它的花瓣，而是萼片，花开后，可以看见紫白的花丝和黄的花药。花后结镰刀形的瘦果，有 8 条纵肋，丝丝分明。

今人不见古时月，今月曾经照古人。

它艳如仙子，也静默如佛。人们看罢了它，总要归去；而它总留在这里，花罢结种子，越明年，又花发如初，年年如是。这就是植物的可爱，于繁盛时可见美好，于花落处可见希望，我这些年陪孩子们的时间多，故而总想让他们看见有希望的东西，看见美好的东西，只有看见这些真、善、美，他们才能欣喜地爱这世间物，爱这遥远的自然。

离开了昆明，在雾里也看见了偏翅唐松草。雾里是地名，位于云南丙中洛的北面，我是要去秋那桶的，车子沿着怒江行驶，停停开开，全凭兴致。看见雾里村也全是因缘，隔着江的一座小村子，房子散落在草木茵茵里，炊烟袅袅。背后是大山，云雾缭绕。我喜欢这样有烟火味的村子，便停车、过桥，沿着茶马古道钻了进去。这条茶马古道是从丙中洛沿着峡谷溯怒江北上，通往西藏的东南地区，据说全长 70 千米，我只走了一小截，到村子就停了。

村子里人极少，只见一老翁，在修补织麻的工具。他招呼我们坐，客客气气的，也说不了普通话，相顾无言，微笑比画而已。雾里之名据说是外来人按当地的口音加上诗意的想象所取的。本来叫“翁里”，意思是“一个像鸟窝的地方”，也叫“五里”，以前的古道多有五里亭，以地名标记行程的远近。现在听听，所有的名字都不错，能走到人心里。

在雾里看见偏翅唐松草，又是另一种美。野的山水，野的村落，野的秋花，都是极自然的状态。偏翅唐松草是毛茛科唐松草属的多年生草本，植物和人一样，基因很重要，龙生龙，凤生凤，唐松草这一大家子的颜值都极高，江浙容易见到的大叶唐松草、尖叶唐松草、爪哇唐松草、华东唐松草等，都是美人。

偏翅唐松草是西南一带常见的种，分布于云南、西藏东部（林芝以东）、四川西部，多在海拔 1900 ~ 3400 米的山地林边、沟边、灌丛或疏林中。模式标本就采自云南大理。西南是个好地方，很多野花都美得不得了，只是离江浙太远了，去一趟不容易。

昆明植物园的偏翅唐松草只有几十厘米高，雾里的山路上，唐松草弯弯曲曲，攀缘在其他植物上，总能长出一两米的高度来。圆锥花序一串串倒垂着，像杭州四月的紫藤，却又精致得多。因为花很繁盛，又是娇艳的粉紫色，在山里极为耀眼，能让人止步踯躅。

需要提醒的是，那粉紫色的并不是它的花瓣，而是萼片，比如桃梅李杏开花，花瓣外还托着几片非花非叶的东西，有的绿色，有的紫红色，就是萼片。偏翅唐松草没有花瓣，萼片就成了构成花朵的重要部分，成了主角儿。

在一个花序上，有的花在开放着，如悬挂的千纸鹤；有的在含着苞，俯首低眉，看起来似一只铃铛接着一只铃铛，又如菩萨项上的瓔珞。

花开后，可以看见紫白的花丝和黄的花药。花后结镰刀形的瘦果，有 8 条纵肋，丝丝分明。我去时只见到了花，就没见到果子。

我想，总会有机缘的。

珙桐　树上栖满了白鸽

珙桐的美在于花期，花期之后便与一般的植物无差了。每年四月初，灵峰上的珙桐就会开花，一朵朵的白花长在绿的叶子间，有人说像栖停的满树白鸽，故而也叫鸽子树。

珙桐

蓝果树科／珙桐属

观花时令：暮春。

分布区域：产湖北西部、湖南西部、四川以及贵州和云南两省的北部。不常见，部分植物园有种植，比如杭州植物园。

我去拍珙桐花，是丁酉年暮春的事情。当时正在准备五一的课程，怎么也抽不出时间去逛植物园，但又舍不得珙桐花，就在离开杭州前特意跑去了灵峰，一路匆匆忙忙爬到掬月亭，在那里待了半个小时，这是我与珙桐的时光。

掬月亭是我很喜欢的地方，每年看梅花必去。此处地势高，很多游人懒得上去，是难得的清净地。看花和看书一样，是需要静观的，所谓千秋如对，是物我两忘的境界。

掬月亭虽只一亭，却是个完整的园林作品，山石、建筑、草木、水体、文化，无所不具。亭前是一块空旷的草坪，早春来此，一株江梅傲然挺立，风从远方吹来，带着残冬的寒凉，声如呜咽，每一场风刮过，满树的繁华都跟着摇摆，落花成阵。

草坪的一侧是院墙，墙中有耳门，有镂花窗，沿着墙根种梅数株，梅不甚古，没有大的气势，花开时却也与古拙的墙体相宜。

那时是四月下旬，梅花都谢了，梅子初结，并不很大。再过一阵子，黄梅时节家家雨，青草池塘处处蛙，就是另一番夏日景象了。

掬月亭后有掬月泉，旁边立的牌子上说："宣统二年，乌程周庆云于灵峰山中起屋得泉……"乌程是古县名，清时归湖州府治；周庆云即南浔巨富周梦坡，曾任两浙盐业协会会长，与虞洽卿合办过上海物品证券交易所，当时极有声望。虽为巨贾，却是风雅之人，曾于此种梅三百株，始得灵峰香雪之盛。

除了梅花，掬月亭旁还有七星蜡梅，是清时灵峰寺的遗物，年年早开晚谢，是不得不看的花木。

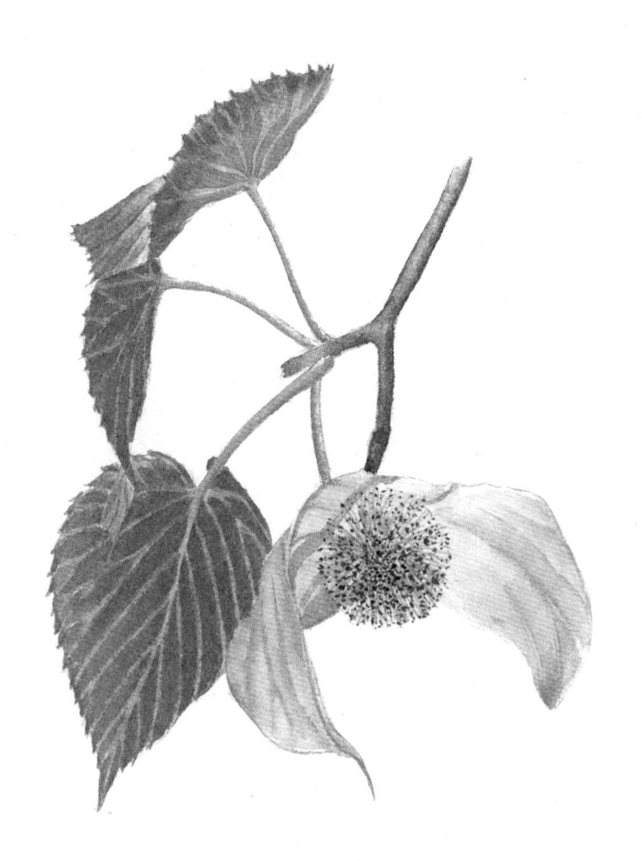

珙桐　*Davidia involucrata*

落叶乔木，是中国特有种，模式标本采集于四川宝兴，这里是珙桐的发现地，发现者是声名显赫的遣使会传教士谭卫道。暮春开花，花开时就像树上宿满了白鸽，故而也叫鸽子树。

珙桐种在七星古梅之侧，用石栏杆围护着，一看就知道与旁的植物不同，是极珍贵的。

它的珍贵并不仅在于稀少，更在于是中国特有种，就像现在的大熊猫一样，人无我有，这就是优势。它的模式标本采集于四川宝兴，这里是珙桐的发现地，发现者是声名显赫的遣使会传教士谭卫道。

谭卫道是个神奇的人物，他 1862 年来到中国，在北京建立了一所自然博物馆“百鸟堂”，1866 年发现了麋鹿，后来命名为“Pere David’s deer”，就是戴维鹿。1869 年前往四川宝兴，担任邓池沟天主教堂的第四任本堂神父，自此而后，他的新物种发现的运气就一发不可收拾，他在这里采集了上百个新描述的物种，其中包括大熊猫、川金丝猴、牛羚、短尾猴、绿尾虹雉、雉鹑，还有大卫两栖甲、珙桐等。横跨动植物两界，在博物史上可谓“横枪立马、纵横睥睨”。

幸运的是，他活着的时候就因此享受到了功绩带来的荣光，1872 年，他被任命为法国科学院院士。我愿意看见有才华的人为世瞩目，而非死后哀荣。

珙桐的美在于花期，花期之后便与一般的植物无异了。每年四月初，灵峰上的珙桐就会开花，一朵朵的白花长在绿的叶子间，有人说像栖停的满树白鸽，故而也叫鸽子树。我去拍的时候已近四月下旬，鸽子们都已飞走，只有零星的几朵还在等我，能见着，就已经足够了。

那两片白色的鸽子翅膀并不是真正的花，而是花序外面的两枚总苞片。它真正的花没有花瓣，据《中国植物志》的说法，它的花是由多数的雄花与 1 个雌花或两性花组合形成的头状花序，直径约 2 厘米，就是两片白色翅膀中间的紫色小球。

很多植物都这样，花不显眼，总需要有显眼的办法来吸引昆虫，这就是两片白色总苞片的意义所在，它负责吸引昆虫前来。此外，对于珙桐而言，生存的地方潮湿多雨，两枚帽子一般的总苞片可以有效地保护花粉不被风吹雨打，提高结实能力。

花后结果，应该是顺理成章的事。珙桐的果子我没见过，观察一株植物，是年复一年的事情，我虽然很努力地去自然里寻找、记录，但总有许多美好的瞬间被遗漏。好在我不执着，因为我的兴趣一直都在，而自然也一直都在，顺其自然，多好。

盐肤木 怪叔叔的零食

入了秋，果实也成熟了，盐肤木会迎来它一年中最绚丽的时刻。野径侧，山石旁，一株株的盐肤木红得如火如荼，就像夕阳下的最后一抹艳霞，待红日落去，便消逝于山野。

盐肤木

漆树科 / 盐肤木属

观赏时令：秋后赏叶。

分布区域：多分布于向阳坡地、沟谷及溪畔疏林。

自然主义者梭罗在《野果》中有一小段关于虫瘿结节的文字，他说："当橡树刚刚开始长出新叶时，各种各样形同果实的虫瘿结节也出现了。比如说假越橘（huckleberry apples）等。6 月 6 号那天（还包括之后的几天），在马醉木的灌木丛里我看到一些颜色浅绿的囊袋状的结节。"这些发现让梭罗兴奋不已，并讲述了他曾遇见的一位木匠怪叔叔，在童年时吃下了大量的虫瘿，这是他的零食。

我想，在中国，最为人所知的虫瘿当是五倍子了。这种在中医里广泛应用的药物具有收敛止血、杀菌解毒的作用。那么，五倍子究竟是什么呢?

宋朝的《开宝本草》中说五倍子是草部；《嘉佑本草》以五倍子生在盐肤木上为依据，认为它是盐肤木的果实，又把它归入木部。直到明朝，李时珍在《本草纲目》中才给出一个比较合理的解释：

此木生丛林处者，五、六月有虫如蚁，食其汁，老则遗种，结小球于叶间，正如蛅蟖之作雀瓮，蜡虫之作蜡子也。初起甚小，渐渐长坚，其大如拳，或小如菱，形状圆长不等。初时青绿，久而细黄，缀于枝叶，宛若结成，其壳坚脆，其中空虚，有细虫如蠛蠓。

由是可知，五倍子是角倍蚜在盐肤木上寄生后所形成的虫瘿。采收烘干之后，可入药，亦可染色。在传统的草木染中，皂色就是用它染成的。

大自然的造化鬼斧神工，你永远不知道哪一处草木间还隐藏着一个惊人的秘密，只有当你恰逢其缘时，方恍然大悟，为天地所折服。

盐肤木　*Rhus chinensis*

落叶灌木或小乔木。为五倍子蚜虫寄主植物，该虫在幼枝和叶上形成虫瘿，即五倍子，故而也称五倍子树。奇数羽状复叶，叶轴有翅。入秋后，叶子变色，极美。核果球形，略扁，酸咸味。

小时候，我是不知道五倍子的，只知道一种叫作盐肤木的植物长满了山野。那时候在农村，家家养猪，一两头，多的也不过三四头，年中杀一头卖给屠户，得些钱做农资或者供孩子上学；隆冬腊月再杀一头，留着过年，叫伏年猪。饶是猪的数量如此之少，猪食还是经常青黄不接，于是，家家户户的孩子都有一个任务，便是打猪草。

农历三四月间，正是盐肤木嫩枝伸展的时候，这是此时节最好的猪食，人亦可吃。放学归来，漫山都是孩子们的笑声和吆喝声。红绿相间的盐肤木、初红未红的悬钩子、迟迟才出土的小毛笋……一直到现在，我依旧认为，最美的春光不在任何一个城市的公园里，而在乡间孩子的竹筐中。

盐肤木是漆树科盐肤木属的落叶小乔木，在江浙一带其实多表现为灌木，株高不过1米左右。小枝棕褐色，密布着锈色绒毛，稍老一些的枝条上有圆形小点，呈米白色。

它的奇数羽状复叶，大多为 7 或 9 片小叶，例外情况也很多，比如 5 片或 11 片。叶子纸质，老叶稍具磨砂感，边缘有粗钝锯齿，叶子背面密被灰褐色毛，叶轴有叶状翅，就像橘子树的叶子一样。小叶自下而上逐渐增大。叶脉密集，侧脉和细脉在叶面凹陷，在叶背突起，且形成红绿相间的漂亮纹理。

甫一入夏，盐肤木开始开花；圆锥花序宽大，多分枝，雄花序长 30 ~ 40 厘米，雌花序较短，密被锈色柔毛；花乳白色，极其惊艳。至九月间，能很明显地观察到果实，0.5 厘米左右大小，扁圆形。

十月余，果实始成熟。成熟过程中，果皮表面会析出少量白色盐味的结晶体，俗称“盐霜”。果实成熟后，色泽艳丽，有的红里透白，也有艳红色，味略酸，有咸味，也许就是因此而名为“盐肤木”。据说在云南地区，傣族人将其称为“盐巴果”，常用以调和食物。

入了秋，果实也成熟了，盐肤木会迎来它一年中最绚丽的时刻。野径侧，山石旁，一株株的盐肤木红得如火如荼，就像夕阳下的最后一抹艳霞，待红日落去，便消逝于山野。

绚烂之后，是沉寂。在新生之前，只有枯果挂在枝头，初冬去野外，依然可能见着旧日痕迹。

入世

但凡爱上深山草木的人，都免不了想邀请这些朋友来到家里朝夕相处。室内、庭院里若有植物点缀，定可以带来些山野自然的气息。

阿拉伯婆婆纳　不作衣裳只救荒
最美的是它的花。我总觉得造物主是偏爱它的，故而给了它蓝天白云的颜色。蓝是澄净的瓦蓝，白是素洁的雪白，花心里还藏着一点朦胧的黄绿色，那是对昆虫的蛊惑。

阿拉伯婆婆纳

玄参科 / 婆婆纳属
观花时令：春季。
分布区域：华东、华中及云贵地区皆有分布，多生于荒野。

我孤陋寡闻，高邮的名人里，只知道三个，一个是秦少游，年轻时写过“我独不愿万户侯，惟愿一识苏徐州”的句子，是苏门四学士之一；一个是汪曾祺先生，文化大家，著作等身，我极爱；再一个，就是王西楼了。

王西楼名磐，字鸿渐，是明代的散曲大家。少时薄科举，不应试，布衣一生，于草木、绘画、散曲皆有所得，筑楼于城西，故号“西楼”，和“东坡”之号异曲同工。他的名曲《朝天子 · 咏喇叭》上过教科书，读书人应该知道。其中有“军听了军愁，民听了民怕。那里去辨甚么真共假？眼见的吹翻了这家，吹伤了那家，只吹的水尽鹅飞罢！”这样的句子。适逢苦世，哀民生之多艰，这是文人的慈悲心。

除了写曲，他还做了一件善事，就是编绘了一本《野菜谱》。原书我没见过，是从汪曾祺先生的文集里知道的。书虽不大，收录野菜仅五十有二，却都是他目验、亲尝、自题、手绘的，所题文字皆关乎民间疾苦。我读他的文字，总感觉凄凉。有一味本草，叫抱娘蒿，他这样写道：

抱娘蒿，结根牢，解不散，如漆胶。君不见昨朝儿卖客船上，儿抱娘哭不肯放。

还有一种，叫破破纳，是这样的：

破破纳，不堪补。寒且饥，聊作脯。饱暖时，不忘汝。救饥。腊月便生，正二月采，熟食。三月老不堪食。

他不仅作了诗，还写了采收季节，可见是亲食过的。破破纳就是婆婆纳，明朝的百姓苦，常饿肚子，所以后来官逼民反了。婆婆纳好吃么，我不知道，但在明朝，吃它的人应该很多，很多书里也都有记载。

徐光启，官至内阁次辅，是崇祯朝的人，写了本《农政全书》，里面也有破破纳："灾年乏粮，夏历二月，采其茎叶可充饥。食法：采叶苗炸熟，水浸淘净，油盐调食。"

吴承恩，做过浙江长兴县丞，是嘉靖朝的人，他在《西游记》里，也写了婆婆纳。在第八十六回中，唐僧遭劫，被掳进了隐雾山折岳连环洞，几个徒弟打死了艾叶花皮豹子精，救出了圣僧，也捎带救出了山里的樵夫。樵夫感恩，便请师徒四人吃了一顿野菜宴。里面都有啥，原文里是这样写的：“油炒乌英花，菱科甚可夸；蒲根菜并茭儿菜，四般近水实清华。看麦娘，娇且佳；破破纳，不穿它；苦麻台下藩篱架……”破破纳，不穿它，便只能用来吃了。

杭州现在常见的是阿拉伯婆婆纳，婆婆纳本种反而不多见。这两种很像，主要区别在于阿拉伯婆婆纳的花梗明显长于苞片（或称苞叶），而婆婆纳的花梗短于苞片。再一个，看果实，阿拉伯婆婆纳的蒴果表面有明显的网状脉，婆婆纳本种没有。这两个特征，都需要自己去比较了才能知道，非文字所能及。

阿拉伯婆婆纳的盛期是春天，早春到暮春，都很招眼，是难得的草花。我见过最好的阿拉伯婆婆纳有两处，一处是杭州佛学院旁边的一块荒地上，檫木开花，新茶抽叶，近旁的山岚与寺庙的烟火交融在空中，是三月的春烟，很美。阿拉伯婆婆纳和猪殃殃长满了那块地，它们沐浴着春阳，也沐浴着春烟，我简直醉倒在这样的春色中了。还有一处，是我工作过的旧园子，后来被拆迁了，但一直闲置着，今年早春我回去看，菜畦里稀稀拉拉地长着几颗白菜和蒜苗，阿拉伯婆婆纳却一块一块地疯长着，像厚厚的草花毯子，让人想卧上去打滚。

这种玄参科婆婆纳属的草本植物，在冬天就已经长出来了。我去年冬月蜗居在丽水的陈寮山上，每户的菜园子都扎着竹篱笆，我从篱笆间走过，阿拉伯婆婆纳就在篱笆根上安静地看着我，一蔸儿一蔸儿的，和春天一样。给山外的朋友发消息，说：“阿拉伯婆婆纳已经在山里长出来了。”他不信。我也没办法让他信，因为办公室的桌面上长不出草来。

阿拉伯婆婆纳的识别度特别高，分布也广，天南地北有人没人的地方，都能找到它的踪迹。它很卑微，贴着地皮长，先为自己占据生长空间。而后，茎

阿拉伯婆婆纳 *Veronica persica*

草本植物，叶子 2 ~ 4 对，整体偏向于卵圆形，基部浅心形，边缘有钝齿。叶子上有柔毛，摸起来能感觉到粗糙的毛质。3—5 月盛花期，花朵颜色干净，是蓝天白云的颜色。果实是蒴果，心形，也称双铜锤。

从基部开始分枝，一点一点地斜着朝上伸展，慢慢长成球，最后终成气候。还有一种，叫直立婆婆纳，它很执着地笔直朝上长，不懂得迂回，故而少见群落，总是形单影只的样子。

阿拉伯婆婆纳的叶子 2 ～ 4 对，整体偏向于卵圆形，基部浅心形，边缘有钝齿。叶子上有柔毛，摸起来能感觉到粗糙的毛质。

最美的是它的花。我总觉得造物主是偏爱它的，故而给了它蓝天白云的颜色。蓝是澄净的瓦蓝，白是素洁的雪白，花心里还藏着一点朦胧的黄绿色，那是对昆虫的蛊惑。花很小，指甲盖一般，四片花瓣，左右对称，但总有一片稍微小一些。

凑近观察，可以见到花瓣上的深蓝色放射线，也能见到花蕊。两枚粗壮的雄蕊从花心中抽出来，弯曲对立，都眼巴巴地望着中间的雌蕊，很喜感的样子。

花后结果。这种植物以果实而得的别称很多，比如双珠草、双铜锤、双肾草，皆以形状而名。阿拉伯婆婆纳的果子是蒴果，会形成一个胖心形的果荚，里面装着五到十粒一两毫米大的种子；心形嘛，中间总会有一条凹槽，两头大中间小，像腰子，于是人们就想到了各种形状。

日本人更直接，管它叫大犬阴囊，如果有大姑娘问名，还真不好回答。

石榴　饮罢雄黄看榴花
我注意这片石榴是在去年初冬，基调色变成了金黄，一树树挺立着，枝丫坚硬，叶片凋零，美丽而凛冽。像个穿着华服的落魄剑客，骨子还是硬的。

石榴

石榴科 / 石榴属
采食时令：秋季。
分布区域：中国南北皆有栽培。

端午近了，讲究的人还要饮雄黄酒，案上再插一枝榴花，是极美的。五月也称为榴月，以植物命名月份，也只有咱们的老祖宗了。

中国有两个人外交做得很厉害，一个是郑和，拼命往外送东西，茶叶、陶瓷什么的，能送出去的都送出去；还有一个就是比他早很多的张骞，拼命往家里带东西，尤其是植物。葡萄、黄瓜、蚕豆、芝麻，还有很多，都是张骞引进的。在植物引种上，我想终中国五千年之历史，无有出其右者。石榴也是他带回来的，大概是因为珍稀，被种在上林苑。晋代张华的《博物志》记载：汉张骞出使西域，得涂林安石国榴种以归，故名安石榴。

安石榴，多好听，有名有姓，连出处都有了，毕竟不是野孩子。

安石国在哪，正史并未记载，但据推测可能在巴尔干半岛至伊朗及其邻近地区，古波斯国一带。大约公元前 2000 年，航海的腓尼基人将石榴种带往地中海沿岸。早在公元前 10 世纪，古以色列的所罗门王就爱喝石榴汁酿造的香酒，据说连他的王冠也用石榴纹装饰。

千年后，在中国的陶瓷上，折枝石榴纹成了常见的纹饰，明成化斗彩瓷上尤为多见。在其他民间艺术作品中，石榴也是常见的。

《庄子·天地》中有一个典故，叫“华封三祝”，讲的是华封人祝尧“多福多寿多男子”。后来被衍化成一幅传统的吉祥图，图上画的是三种植物——南天竹、牡丹和水仙，后来，又把石榴添加了进去。在文人雅玩之外，石榴被剪成窗花，画作年画，成了多子的象征。千房同膜，千子如一，是很好的取意。

不仅果美，石榴花也是中国的传统花卉，五月花开，可作瓶插的上好花材。明朝万历年间有个叫屠本畯的博物学家，浙江宁波人，写过很多关于动植物及海产的科普书，其中有一篇《瓶史月表》，是讲时令花卉。它提到，在明人插花的“主客”理论中，榴花被称为花盟主，是花主之一，辅以栀子、蜀葵、孩儿菊、石竹、紫薇等，这些花则被称为花客卿或花使令，有妾、婢的味道，可见古人对石榴的推崇。

以前我种过一些石榴，可惜是花石榴，景观上常用。初夏开花，红得滴血，和食用石榴相比，花期要更长些。花开之后，也会装模作样地结一些果子，果很小，石榴籽的核很大，没什么吃头。每年夏末初秋，都会有人进来顺手牵羊摘一些，摘果子我不心疼，遗憾的是他们总会弄伤我的树。

石榴　*Punica granatum*

落叶灌木或小乔木，原产巴尔干半岛至伊朗及其邻近地区，据说是汉代张骞从西域安石国引进，故又称安石榴。农历五月为盛花期，所以古人称五月为“榴月”。除了食用石榴，现在园林中还种植了许多花石榴，开花多重瓣，花期长。

今年第一次看石榴花是在工作室的小园子里，也是花石榴，在河堤上孤零零的开着，周边都是浓浓的绿，虽只一株，却显得极为惊艳。

每天去工作室的路上也有花石榴，密密地种在色块里，前几天也开花了，火红的颜色顺着林际流淌开来，耀眼夺目。我注意这片石榴是在去年初冬，基调色变成了金黄，一树树挺立着，枝丫坚硬，叶片凋零，美丽而凛冽。像个穿着华服的落魄剑客，骨子还是硬的。

后来几场风雨，叶子就落尽了，枝丫毕现。石榴树落叶之后便如枯木一般，不知生死，和夏日的繁盛是极鲜明的对照。但两者我都喜欢，是不一样的美。

石榴我是不大愿意吃的，嫌吐籽太麻烦。市面上常见的是白石榴，果子大，一个能有七八两重，我吃着总有点涩味。比它口味要好一些的是红皮石榴，云南蒙自产的比较好，九月份就能买到。这几年比较流行突尼斯软籽石榴，是适合懒人吃的，抓一把扔进嘴里，嚼嚼就可以咽了。

这个时代，柿子可以削皮吃了，葡萄也没籽了，石榴可以直接下咽。我也许等不到那一天——不用吃饭，直接吃风喝烟。

还有一些矮生品种，比如月季石榴，开火红的花，摆在书房外边很喜庆。比月季石榴端庄一些的是墨石榴，果子很美，有一年我去安徽歙县，忘了是哪个村，古老的祠堂里有两株挂果的墨石榴，种在蟠龙纹大缸里，不言不语，却能让你看见它经过的春秋。我一直梦想找到一株老桩，做一盆盆景放在院子里。等我老了，它还在结果。

紫藤　紫藤里有风

紫藤花盛的时候，是清明过后一周，一日开车路过玉泉，下着绵绵小雨，透过车窗看见一长串紫藤花匍匐挂在青苔爬满的石板墙头上，幽深的暗绿深邃无垠，看不见尽头。

紫藤

豆科 / 紫藤属

观花时令：暮春。

分布区域：黄河流域、长江流域皆有种植，山野比较多见。

汪曾祺先生在他的《鉴赏家》里讲了这么个故事：全县第一个大画家是季匋民，第一个鉴赏家是叶三。叶三是个卖果子的，但他大都能一句话说出季匋民的画好在何处。有一次季匋民画了一幅紫藤，问叶三。

叶三说："紫藤里有风。""唔！你怎么知道？""花是乱的。""对极了！"季匋民提笔题了两句词："深院悄无人，风拂紫藤乱。"从此，我一直心心念念，紫藤里有风。对，不能倒过来，不然意境就完全乱了。

过了花期后就没机会见着"花里有风"的紫藤了。紫藤花盛的时候，是清明过后一周，一日开车路过玉泉，下着绵绵小雨，透过车窗看见一长串紫藤花匍匐挂在青苔爬满的石板墙头上，幽深的暗绿深邃无垠，看不见尽头。实在想不出什么惊人的句子来表达，只能就这么一句——嘿，怎么能这么美！

最早关于“紫藤”这俩字的记载，是西晋嵇含的《南方草木状》：

> 紫藤，叶细长，茎如竹根，极坚实，重重有皮，花白子黑，置酒中，历二三十年亦不腐败，其茎截置烟炱中，经时成紫香，可以降神。

我认为，嵇含笔下的紫藤并非我们现在见到的紫藤。紫藤有开白花的，是变种，名叫白花紫藤，但山野之间的多是紫花，这是紫藤最常见的花色，没有理由被忽略。此外，最后一句提及的“紫香”，可以降神，紫藤没这个功能。

我猜测，嵇含这里要讲的应该是诸香之首、价格高昂的降真香，对应的该是多裂黄檀或黄檀属的一些藤本植物，多裂黄檀开白花，生长在热带雨林里，被虫咬兽啃，或山洪雷电所伤后，树体会分泌油脂来修复伤口，形成膏状组织，年深日久，伤疤越来越多，这些树脂随着时间的沉淀形成降真香，颜色多为紫红色，故而可曰“紫藤”，这种木头已经越来越少见了。

现在所说的紫藤是豆科紫藤属落叶藤本，自古即栽培作庭园棚架植物，枝干粗壮，我见过许多百十年的老紫藤，苍遒有力。它们还有一个特点，枝干都是向左盘旋而上，我没见过右旋的。

紫藤先花后叶，紫色穗花序垂满廊架，如雾如霞，有朦胧的美感。总状花序，花冠有细毛，呈紫色，花开后呈蝶状，与很多蝶形花一样有旗瓣，有翼瓣，有龙骨瓣，很是精致。开花时有稀疏的嫩叶生出，小叶 3 ～ 6 对，纸质，卵状椭圆形，上部小叶较大，基部 1 对最小。

民间一直都很喜欢移栽紫藤，过去的文人庭园常常都有它的花影。最常见的，植之使其攀架，久而成廊；或使其攀绕枯木，枯木逢春。成年的紫藤茎蔓蜿蜒，枝干曲折。最妙的记载出自浙江奉化人黄岳渊、黄德邻父子所著植物学著作《花经》：“紫藤缘木而上，条蔓纤结，与树连理，瞻彼屈曲蜿蜒之伏，有若蛟龙出没于波涛间。仲春开花。”

明人文徵明，诗书画三绝，爱紫藤如痴，佳词丽句之外，于苏州拙政园手植紫藤一株，于今已几世纪，仍岁岁铺翠，年年绽蕾。这株紫藤正如它的另一个名字“卧虬”一样有着深刻的含义。“卧虬”，不仅因为枝丫盘曲如卧龙，更是因为它隐忍含蓄，韬光养晦，饱含着名人高士隐逸遁出之意。有此爱的，

紫藤　*Wisteria sinensis*

落叶藤本，茎向左旋转扭曲，嫩枝有白色柔毛，长大后没有。四五月开花，多为紫色，也有白花品种，花可食用。我国自古即栽培紫藤作庭园棚架植物，先叶开花，紫穗满垂缀以稀疏嫩叶，十分优美。野外亦有野生种。

还有袁枚。这位大清第一才子在任沭阳知县时，教民植树养蚕，发展经济，并在县衙大院亲植一株紫藤。73 岁时他故地重游，见紫藤浓荫覆地，欣慰不已。

2015 年，印象派祖师莫奈的画首次来沪展览，大家都挤破头去看他的《睡莲》，我却在他那幅 3 米长的《紫藤》前驻足。这位一生穷困潦倒的大画家，中年搬到塞纳河边的吉维尼小镇，从此安居下来。莫奈说过："普天之下能引起我兴趣的，只有我的画和我的花。"他造就了一座绝妙的莫奈花园，并以园中的睡莲、垂柳、紫藤花、鸢尾花与日本桥为主题创作了大量的光影画作，这些作品占据了莫奈一生中的大部。

不像中国写实的紫藤，莫奈的紫藤看不到明确的阴影，也没有突显的轮廓。整体平静祥和，背景是明净的蔚蓝，紫藤的枝子滑到画布边缘，从上沿跌落，显示出一种悠闲的氛围。光影穿插其中，看起来更像是水中的倒影。看不出此时他已经快失明了。静静凝视紫藤的时候，我仿佛看见了在水塘边上，眯着昏花老眼的莫奈，等待早上十点那带着紫色雾气的太阳……

大家都知道槐花炒蛋、槐花粥，殊不知同为豆科的紫藤也同样可以入馔。除了把前面的槐花换成紫藤花即可制成菜肴外，最有名的大约是老北京的藤萝饼了。《燕京岁时》记载：

> 三月榆初钱时采而蒸之，合以糖面，谓之榆钱糕。以藤萝花为之者，谓之藤萝饼，皆应时之食物也。

摘下四五串新鲜的紫藤花洗净控干，用白糖腌制，拌上猪油，包在面团里烘或炸。吃一口外焦里嫩皮酥，弥漫着紫藤花的清香。最直截了当的还有将花洗净了，用旺火炒几下后立即装盘，保持着原香、原色、原味，食之清香甜美。不过要注意的是，将开未开、刚刚开放还带着花苞的紫藤入馔才是最好。

然花馔众味并不仅囿于传统之法。齐云山上的道士们，更是花肉融合，俟紫藤花开，即采花晒干收纳。食用时清水发开洗净，腊肉切薄片覆于花上，上锅蒸熟。如此，一春之味可一年咀嚼。

南酸枣　串珠与酸枣糕

南酸枣真的属于那种又好吃又好看的东西，只是认识的人少，所以到了秋天，只要有大树，树下总能捡到可吃的果子。

南酸枣

漆树科 / 南酸枣属

采食时令：秋季。

分布区域：分布较广，常生于海拔 300 ~ 2000 米的山坡、丘陵或沟谷林中。

朋友来杭州，想看最美的秋景，这让我很犯难。西湖固然是美的，却总是人多——没来过的想去看看，来过多次的还想走深一些，去寻梦，自己的梦，张岱的梦，还有白傅、苏公的梦。“未能抛得杭州去，一半勾留是此湖”，这种情形千年未变。

离了西湖，西溪的芦雪蓼花也是一处胜境。1915 年，南社姚石子过西溪，写了篇《游西溪记》，登在了《南社丛刻》上，其中就写到了三秋芦雪：“溪以芦花称，当九秋之际，飞绵滚絮，皑若白雪。”

姚先生此行其实并未见到芦雪，一是因为天色向晚夕阳催客，来不及过访；二是因为他去的时候是暮春，正是芦芽参差的季节，所遇非时也。故而只能“秋思哂然，遐想无端”了。

朋友来的时候是仲秋，芦雪蓼花也嫌早了些，虽然已有一两处白了头，终是少年白，少了苍苍茫茫的味道。老杭州人赏芦雪总得到秋末冬初，叫一条摇橹船，岸上会有厨娘担着赭红的竹质食盒将点心送到码头来，也有送酒水熟食的，据说鱼干和米酒卖得最好。船家斟好茶，就开始摇着船慢悠悠地行在港汊间，你自吃着酒，船家散淡地和你说些民情掌故，对今人而言是难得的闲适。不同船家说的东西也会不一样，有朋友推荐一艘船的老大，说他认识沿岸的植物和水鸟，能一路科普过去，我多次寻觅，终是未见其人。

未到秋末冬初，在江南看秋景多少是有些尴尬的。刘禹锡有句诗写秋色，极美："山明水净夜来霜，数树深红出浅黄"，野外的枫香、檫木、珊瑚朴，还有水杉与落羽杉，总得经霜之后才开始叶色繁复，堪比春光。世间事总讲究个因缘际会，杭州城里不行，那去郊外吧。

最后，我还是领她去了长乐林场。

长乐林场是杭州开办的比较早的林场之一，民国初年就存在了，因为地处余杭径山，算是比较偏的地方，一直不为人知。就在前几年，依赖色彩斑斓的秋色，突然在网上暴得大名，爱玩的杭州人都知道这个地方了。

林场的秋色主要体现在几条明星大道上，一条种满了枫香，一条种满了水杉，每至深秋，霜林尽染，是童话里的世界。很多漂亮的小姑娘会来这里拍照，又是另一番美景。林场旁边是甘岭水库，岸上红红黄黄的影子落在水里，蓝天白云也落在水里，像一幅枫丹白露的画作。寒秋水浅，突然有鱼跃出水面，便破了画的宁静，但这也是须臾间事，縠纹渐远，终会平静。

我陪朋友在林下漫步，说这里的美，也说南山路的美，行人很少，可以将自己交给自然。朋友是城里人，看什么都觉着美，一路上捡叶子，捡果子，像我的那些学生一样。

“这是什么？像苦楝一样。”她又捡了一个黄黄的果子。“尝一尝。”“这能吃？”她撕开果子，犹豫着咬了小小的一口，脸上瞬间有惊喜，“真的好吃耶。”果真和孩子一样。

在长乐林场捡到南酸枣，这是始料未及的事。我努力找了许久，却也只找到一棵树，果实落了一地，都开始腐烂了，朋友小心翼翼地捡了几颗，都吃完了。手里攒着坚硬的果核，在水边清洗干净后，又是一阵欢呼，真是好看。

南酸枣真的属于那种又好吃又好看的东西，只是认识的人少，所以到了秋天，只要有大树，树下总能捡着可吃的果子。不像桃梅李杏，即便种在院子里，也有隔壁村偷嘴的孩童惦记着，我家曾经种过桃子，总没见过甜的时候，小时

南酸枣 *Choerospondias axillaris*

落叶乔木，树干挺直，高可达 20 米。果可生食，也可做成酸枣糕，或酿酒。果核可以做手串，也可作活性炭原料。

候在农村，孩子来摘是不能算偷的，他们一是嘴馋，二是图个兴奋好玩，和品格无关。

吃南酸枣比较多的地方应该是江西崇义，崇义古属南安府，现在隶属赣州市。江西的简称是赣，这个字里含有江西的两条江河，即章江和贡江，崇义就是章江的源头。此地多为海拔 400 ~ 600 米的丘陵山区，降水及温度都适合南酸枣的生长，当然应该也有政策引导的原因，现在南酸枣成了当地的传统名优水果。

直接生吃南酸枣的还是不多，最起码我在其他城市的水果店买不到，大多是打成泥做南酸枣糕了。有一次我在景德镇的农家吃杀猪饭，外面大雪纷飞，屋里是江西的男人们劝酒的喧闹声。江西人喝酒喜欢劝酒，而且都站起来劝，声音很大，外乡人走过，会以为里面在打架。一餐饭从中午吃到傍晚，浓油赤酱，酒酣面热，我躲在火盆前喝茶消食。主人端来一只景德镇青花小瓷盘，里面端正地摆着七八块酸枣糕，和北方的山楂糕类似，绛红色，半透明，随着盘子的颠动颤颤巍巍，煞是好看。我尝了一小块，虽也是酸甜口味，味道却超过山楂糕多矣，是很开胃口的东西，应该饭前吃。

吃完酸枣糕，天色就晚了。主人又在准备开晚宴，房子里依旧闹哄哄的，太白说，“浮生若梦，为欢几何”，大概也是这种情形吧。

杭州南酸枣最多的地方应该是杭州植物园，我带孩子们去认植物，多在分类区，一是人少，二是到了深秋，可吃的东西多。这阵子去，柿子在往下落，羊奶子也可以吃了，孩子们喜欢捡壳斗科的果子，满满地装了一口袋，时不时拿出一颗来，咬一口，吃里面的淀粉。“这个苦，不好吃。”说完就远远地扔了。

南酸枣也是必然会遇到的，孩子们都喜欢吃，停不下来。吃完后也都仔细地把残留的果肉洗干净，露出漂亮的核来。南酸枣的核是可以做菩提子的，在枣核的顶端，均匀地分布着五个眼，也有四个眼的，我见过最多的是一个孩子捡的，他兴奋地跑来举给我看，说：“看，沈老师，我这个七个眼，是七眼八通。”他很高兴，因为和别人的不一样。

但大多数还是五个眼，这些眼是有作用的，南酸枣核太坚硬了，芽很难发出来，植物很聪明，就进化出了几个窟窿眼，到了春天，芽头就从这些眼里钻出来，长成参天大树。据说每个眼里都能发出一苗，故而有“一花开五叶”的意思，便被选作菩提子了。也有说“五福临门”的，都是人们对幸福的祈盼。

孩子们洗干净了果核，用打孔机打上一个孔，红丝线串起来戴在手上，比买来的好看。每个孩子都戴了一串，这是自然给他们的礼物，也是他们自己的劳动所得，他们很欣喜。郑板桥五十二岁方得一子，但爱而不溺，临终前留有一言，他说：“吃自己的饭，流自己的汗，自己事情自己干；靠天，靠地，靠父母，不算是好汉。”我说给孩子们听，他们都觉得是。

夏雪片莲

她从冬雪中来，在溪边看春花烂漫

是的，夏雪片莲。仅听名字就知道颜值极高，不流俗套。我走过棕榈林，走过开满黄色猫爪草的野地，走过卧在小溪上的木桥，于春水畔的石头下看见了它。虽只几朵，却是一个琉璃清幽的世界。

夏雪片莲

石蒜科／雪片莲属
观花时令：春季。
分布区域：我国引种栽培，多栽培于公园水畔。

古人写女子的美，常用“巧笑倩兮，美目盼兮”，这是出自《诗经》的句子，讲了历史上最美的姑娘庄姜。庄姜是春秋时齐国的公主，卫庄公的夫人，有国母之贵、天人之容，放在草木国里，是牡丹、芙蓉一类的国色，花开时节可动京城。

还有另一类美女，是小家碧玉。《乐府》诗说，“碧玉小家女，不敢攀贵德”，很有秀而不媚、清而不寒的味道。我第一次看见夏雪片莲，便想到了此节，除了它，再也没有哪种植物更当得“小家碧玉”的称号。

是的，夏雪片莲。仅听名字就知道颜值极高，不落俗套。我走过棕榈林，走过开满黄色猫爪草的野地，走过卧在小溪上的木桥，于春水畔的石头下看见了它。虽只几朵，却是一个琉璃清幽的世界。

夏雪片莲 *Leucojum aestivum*

草本植物，原产欧洲中部及南部，我国引种进来作为园林植物供观赏。春季开花，每朵花都像一只小铃铛，有 6 枚雪白的花被片，组成六边形的铃铛口，恰恰合上了雪花的六边之数。

每次观察花朵，我总是羡慕大自然的设色。它只在白色的花瓣上轻轻地点上一点碧绿，就造就了夏雪片莲冰清玉洁的气质，这也是它的主要识别特征，通过这一点翡翠般的颜色，可以吸引昆虫前来传粉。

有了美的颜色，大自然还要给它美的姿态。夏雪片莲属于石蒜科，和常见的红花石蒜、忽地笑是一大家子的，叶子是典型的石蒜科的形态，基生叶条状，均分为两列，一根中空的花葶从中抽出，亭亭玉立，在顶部开出伞形花序来。一般每个花序有两三朵花，也有单生的情况，茕茕孑立，有孤寂之感。

夏雪片莲的花也极美，每朵花都像一只小铃铛，有 6 枚雪白的花被片，组成六边形的铃铛口，恰恰合上了雪花的六边之数。春花灿烂时，粉的粉，黄的黄，姹紫嫣红，它却如冬雪一般素雅，静静地长在溪水边的石头旁，看世事繁华。

据《中国植物志》记载，夏雪片莲原产于中欧及南欧，在中国属于栽培引种。我在杭州植物园看见它时，正是三月中旬，花开得正盛。很多人走过它都没有驻足，只有几个采野花的孩子被它吸引了，蹲下来看了又看，像是发现了宝藏，尖叫着呼唤玩伴。

我知道，他们发现了很美的东西。

现在，夏雪片莲已经作为园艺品种在推广了，能很容易买回来种一小盆，或者种在花园的角落。需要注意的是，它虽然喜欢湿润，却也需要全日照，阳光与水，让它成长。

木芙蓉
秋风万里芙蓉国
木芙蓉花开时白色或淡红色，随着花瓣内花青素浓度的变化，颜色逐渐加深，最后变成深红。一日三变色，故而也称“三醉芙蓉”。花易落，尤其风雨后，地上落英成阵，添了秋的悲戚。

木芙蓉

锦葵科 / 木槿属

观花时令：秋季。

分布区域：多沿水分布。

凡有篱落之家，此种必不可少。

如或傍水而居，隔岸不见此花者，非至俗之人，即薄福不能消受之人也。

——李渔《闲情偶寄》

祖父走了几十里山路回家，在门口种下了两棵悬铃木和一大丛木芙蓉。奶奶在树边种了倭瓜和冬瓜。

此后四五年，悬铃木渐渐长高，落在地上的影子也越来越大；每逢秋凉，树叶黄落，木芙蓉灿若烟霞，而葫芦科植物坚韧的老藤牵牵蔓蔓，爬到树上，缠着花枝。钻进草丛里，就能找到黄的倭瓜和青皮白粉的冬瓜。

日暮的时候，太阳还斜斜地照在晒场上，铺满晒场的豆禾干枯而厚实，若在正午，还能听见豆粒出荚的噼啪声。猫很老了，也懒了，偶尔追逐一下滚动的豆粒，大多时间都昏睡在竹篾的垫子上。

祖父总是在此时收工回家，一把靠背椅，一张方凳，白瓷的茶杯放在方凳上，亲手种的木芙蓉正在冲他笑。现在我才知道，那是神仙过的日子。

后来祖父腿坏了，再也走不了路，坐在晒场的时间就更长了，不仅秋天，春天也坐在那，冬天也坐在那，拐杖总在地上写画着，笑容却很少。其他的时间就躲在家里抄书，都是他读过的古书，一摞摞宣纸裁成条幅，再装订成册，黑墨抄写，朱砂断句，积累了一大箱。偶尔也给庙里抄写经文和卦签，都是乡土先生干的事。

木芙蓉又开了两个秋天，依然在对着他笑，只是花越来越少了，没人照料。最后，他终究没熬过去，回到了祖茔。

木芙蓉　*Hibiscus mutabilis*

落叶灌木或小乔木，小枝、叶柄、花梗和花萼均有细绵毛，摸上去软绵绵的，手感不错。叶片常5～7裂，白色的叶脉极为清晰，直达每一裂的叶端，有放射的美感。花初开时白色或淡红色，随着花瓣内花青素浓度的变化，颜色逐渐加深，最后变成深红。一日三变色，故而也称“三醉芙蓉”。

一晃二十年过去，家门口的木芙蓉早已不见，而我，却在杭州的水边常与它相遇。

杭州能看见木芙蓉的地方太多，我今年在好些地方都拍过它，曲院风荷有一些，开得很不顺心，不知道只是我的感觉还是它本就如此，反正感受只有一个，人太多，嘈杂。

江洋畈去的人很少，幽静，观鸟非常好。2002 年疏浚西湖，挖出来的淤泥全部堆到了这里，2008 年环境整治，改造成了生态公园。芦苇荡、接骨草，还有大量的愉悦蓼和金荞麦在开花，让我想起大观园里的蓼汀花溆。南川柳是必须要看的，当时从西湖淤泥里带过来的种子，都生根发芽蔚然成林了。

我是工作日去的，下着小雨，一丛丛木芙蓉临花照水，极有精神。我总说植物总是有“气”的，当你真的喜欢它并观察它，你能感受到这种“气”。

西溪湿地也种了很多木芙蓉，沿着绿堤一路走过，随处都能见着一丛丛的

花团锦簇。水里种了很多荷花，现已残败不堪。荷花古称也叫芙蓉，是出水芙蓉。风水轮流转，秋风一起，木芙蓉就骄傲地登场了。

种木芙蓉必要临水，不知是从什么时候开始的规矩。文震亨在《长物志》里说“芙蓉宜植池岸，临水为佳”。所谓惊鸿倩影，云水天光，都是极美的东西。

木芙蓉是锦葵科木槿属落叶灌木。锦葵科整体的颜值都很高，蜀葵、木槿、扶桑，都是流落在民间的公主，风姿绰约落落大方，不比牡丹差。《中国植物志》上说，木芙蓉高度 2 ～ 5 米，我在杭州也就看见过最高 2 米多的，没见过 5 米的。小枝、叶柄、花梗和花萼均有细绵毛，摸上去软绵绵的，手感不错。叶片常 5 ～ 7 裂，白色的叶脉极为清晰，直达每一裂的叶端，有放射的美感。叶柄和花梗都很长，这也是很突出的特点。

我们现在看见的多是重瓣木芙蓉，它的原变型其实是单瓣的。花萼钟形，5 枚裂片，简单干净，和重瓣的千门万户完全不同。

无论重瓣与否，花开时颜色都差不多。木芙蓉花开时呈白色或淡红色，随着花瓣内花青素浓度的变化，颜色逐渐加深，最后变成深红。一日三变色，故而也称“三醉芙蓉”。花易落，尤其风雨后，地上落英成阵，添了秋的悲戚。入了冬，枝上只剩下光光的梗与枯败的宿果，果壳酷似棉花壳，剪一枝摆在书案上，仿佛把秋与冬留在了身边。

后唐诗人谭用之一生仕途不兴，多与僧道处士交游，过湘江时曾写过这样的句子：

秋风万里芙蓉国，暮雨千家薜荔村。

旅途羁绊，暮雨秋风，文人多有春悲秋恨，一旦怀才不遇，纵使草木繁盛也是了无生机。但芙蓉国是个多美的名词啊，看梅花有香雪海，看海棠有海棠香国，那么，木芙蓉就不应当有个芙蓉国么？

唐宋时代，湖南湘、资、沅、澧四水流域广生木芙蓉，高者可达数丈，花色繁盛，谭用之所见，必是花开满城、艳惊一国。一千年后，从湘江走出来的另一位老人，照耀了整个中国，他也写了两句诗："我欲因之梦寥廓，芙蓉国里尽朝晖。"

芙蓉还是一样的芙蓉，国变了。

除了芙蓉国，还有座芙蓉城，就是现在别称为"蓉城"的成都。宋人赵忭在《成都古今记》中记载：

> 五代时，孟蜀后主成都城上遍种芙蓉，每至秋，四十里如锦绣，高下相照，因名锦城。

又是唐宋之间，可见时人对木芙蓉的喜爱。

在川人眼里，木芙蓉不仅可锦绣四十里，更可制笺。宋应星的《天工开物》里就有做法：

> 四川薛涛笺，亦芙蓉皮为料煮糜，入芙蓉花末汁，或当时薛涛所指，遂留名至今。其美在色，不在质料也。

鸿雁往来，皆满目花影，木芙蓉当以她为知音了。

木香

暮春的花

院子里种木香，真是件积福的事，墙里栽花墙外看，路过的行人都会歇脚赞叹一番。我在昆明和大理的时候，常见到院子里种了一架木香，可惜不是暮春，便只能遥想那「木香花湿雨沉沉」的景象。

木香

蔷薇科／蔷薇属
观花时令：暮春。
分布区域：野生常见于溪边，多为栽培，院落常见。

年初的时候，朋友在杨梅岭赁下一院子，说装修起来，朋友们也好聚聚，有个喝茶聊天的地方。于是开始跑花鸟市场，买了很多草花，一盆盆自己种，忙活了不少日子，也渐渐有了雏形。

我后来常在外地，就很少过去。有一次回杭州，正是四月间，便想去看看。那日下着小雨，路上少有行人，车子从满觉陇一路开上去，见到一行采茶的妇人戴着竹的斗笠，背着竹的茶篓子，正在湿雨沉沉的草木间迤逦前行。她们都靠着路边，一个接一个，如杭州每年佛诞日的百僧行脚，极为肃穆。我见过多处的采茶人，也见过各色的茶席，总以为这次是最美的——无他，唯静耳。

山川草木是静的；路上无人是静的；采茶人急着在雨天赶路，不说话也是静的；我踏雨而来，身无烦冗，故而也静。在这样的闹区，偶有这样静美的景色，是殊遇，故而忘不了那种情味。

到了院子，草花都在热烈地开着，一点暮春的忧愁都没有，也少了“深院不关春寂寂”的味道。朋友说：“你看，是不是少了点什么？”

那么，少了什么呢？我想了许久，说：“木香吧！”于是，他又去寻摸木香了。

院子里种木香，真是件积福的事，墙里栽花墙外看，路过的行人都会歇脚赞叹一番。我在昆明和大理的时候，常见到院子里种了一架木香，可惜不是暮春，便只能遥想那“木香花湿雨沉沉”的景象。

杭州的院子里好像少有木香，架子上爬的都是凌霄，或者紫藤。紫藤我也喜欢，花虽开得多，却不喧闹，白居易说，“紫藤花下渐黄昏”，很贴切。老北京的四季糕点里有藤萝饼，就是用新采的紫藤花作馅，我不爱甜食，总觉得过于腻了，不如紫藤花摊鸡蛋好吃。凌霄花花期很长，橙红的花朵里藏了许多蚂蚁在吃蜜，种在家里就不大合适了。

我在杭州见过几次木香，都是在公共场所。一处是西溪花朝节，在西溪湿地的绿堤上，忘记是哪座桥的桥头了，两大丛木香开满了白花，厚厚实实地压在竹架上，长成了小山。花朝节本是二月二龙抬头那天，有的地方是二月

木香花　*Rosa banksiae*

攀缘小灌木，暮春开花，大多是白色的，花不大，多见重瓣。还有单瓣白木香，是野生的原始种，因为植物学家发现得比较晚，反倒成了变种。还有一色木香，开黄色花，也有单瓣、重瓣之分。

十二，但总是在二月，人们猫了一个冬天，终于等到了百花生辰，可以出去“赏红”了。西溪花朝节却是在四月中下旬，不过是取其名办个花展，让百姓有个踏青的去处。我接连几年都去看花，也去看那两丛木香，整条绿堤上花团锦簇，极尽浓艳，木香花虽盛，却也淹没在了花海里，连香味也不那么明晰，游人少有驻足，很可惜。

还有一处，是在杭州花圃的角落，临着疗养院，有一副很大的木香藤架，也开着白花。木香花花期极短，总在十日左右，满树的花苞同时开放，故能极尽繁盛之能事。《红楼梦》的大观园里也种有木香藤，花开一时喧闹，花后总是凄凉。

我是觅着香味去的，一过转角，满眼都是绿色、白色，颇有气势，却也不闹，是木香该有的安静。那是好几株木香并排长着，枝干已有碗口粗，树皮斑驳，一片片的剥落开，露出木质部的红色来。枝条和花叶都压在廊架上，总怕廊架会承受不起。

种木香都得搭架子。爬山虎有吸盘，能吸附在墙上；紫藤善于缠绕，能缠着老树在近十米的高空开出花来；而木香虽然是一种攀缘植物，藤却不会缠绕，也不会吸附，只有依赖枝刺和长长的枝条攀附在架子上，为了寻求更

多攀附的机会，只能猛长枝条。这样的结果是，一旦失去支撑，枝条就如瀑布般倾泻而下，到了暮春，便是一席花帘，可入人春梦。古人说，“木香架畔蔷薇落，帘幕无风燕子飞”，想想都美。

除了木香，杭州花圃主入口还有很多月季，有着树一样的直立主干，很多人觉得新奇。其实，这些枝干就是木香，只不过是把月季嫁接上去，开出了别人的花来。

我在杭州见到的木香大多是白色的，花不大，却是重瓣，和蔷薇花很像，它们毕竟是一科的，都是蔷薇科。还有单瓣白木香，是野生的原始种，因为植物学家发现得比较晚，反倒成了变种，这真没处说理去。

还有一色木香，开黄色花，也有单瓣重瓣之分。无论黄白，园艺上都是重瓣的多，尤其是单瓣白木香，我从没见过，一直心心念念，只是机缘未到。

蔷薇科的花，多是有香味的，可似木香这么浓的，我还没闻过。人说七里香，或者九里香，能香飘数里自是夸张，但方圆五丈，总能闻到它甜蜜的味道。

江南人种花，除了看，还要窨茶，玉兰、玳玳花、茉莉，皆可与茶同窨，花期过后，书房里泡一盏香片，草木滋味犹在，可留住三春。也有用木香花窨茶的，陶制的坛子，采未开的花苞，一层茶叶一层花，末了，放干石灰防潮。闲的时候，可以自己做着玩儿，别有滋味。

中药里有一味药，也叫木香，和这个木香藤就不是一个东西了。有副对子，应该是挂在中药铺的：

神州到处有亲人，不论生地熟地
春风来时尽著花，但闻藿香木香

按道理，这里的木香应该是云木香或者川木香，此两味在中药里用得多，用来行气镇痛、和胃止泻。这两种木香都是菊科的，云木香是风毛菊属，川木香是川木香属，花开六七月，比木香藤要晚许多。

有一阵子，我肠胃不好，老是胀气。灿辉是中医，给我开了木香顺气丸，服用后，很快就好了。如果用了木香藤，就不知道后果如何了。

瑞香　闻香如晤
在繁体汉字里，「沉」写作「沈」，沈丁花也就是沉丁花，是古人对瑞香的描述，因其花香馥郁，有沉香之浓，故而曰沉；再则花型和丁香酷似，故而曰丁，拼在一起便是沉丁花了。

瑞香

瑞香科 / 瑞香属

观花时令：冬春。

分布区域：各大城市皆有栽培，花市也有售卖。

我写过节气家书，信是写给一个叫桐桐的孩子的，也是写给那些和我相熟的孩子们的，每个节气一封，讲传统的节气文化，也讲当时当令的草木，告诉他们现在该开什么花了，哪种植物结了种子，四季下来，草木分明。

在信的开头，我每次都是很庄重地写道："桐桐：见字如面！"这是中国人写信极常见的格式，也是一种对相逢的期盼，见文字如晤故友，没有疏离感。后来我真的和很多孩子见面了，他们想告诉我他们读了那些信，可又不知道怎么表达，就轻轻地搂着我的脖子在我耳边说："沈老师：见字如面！"

我感动得泪水都要落下来了。

也有朋友说，你连着二十四封都这样，不觉着单调么？他举日本的例子，

说日本人写信，会随着节令的不同有不一样的起首，比如初秋，他们会写，“残暑見舞”。残暑，可不就是早秋的样子么。再比如冬末早春，就是“沈丁花がほのかに香るこの頃 ”。我问他，这句日文是什么意思，他能意会，却难以翻译给我。我能理解这种境况，“见字如面”翻译成白话文，估计也没什么味道了。

全句我看不懂，却知道是和花信有关系的。这几年看很多文创产品，比如明信片、笔记本，但凡是涉及草木的，总少不了日本的图鉴和日语，仿佛格调会高许多。

沈丁花，一听就像是日本名字，印在本子上可以多卖几块钱。其实，这是瑞香的别称，是土货。在繁体字里，“沉”写作“沈”，沈丁花也就是沉丁花，是古人对瑞香的描述，因其花香馥郁，有沉香之浓，故而曰沉；再则花型和丁香酷似，故而曰丁，拼在一起便是沉丁花了。

沈丁花传入日本，大概是室町时代的事，在一张介绍瑞香的折页上，我见到了这样一句日文：

中国原産。室町時代に渡来した。

瑞香　*Daphne odora*

常绿直立灌木。小枝柔韧性特别好，可以打结。仲春前后开始开花，花特别香。还有一种瑞香，叶片边缘淡黄色，中部绿色，称金边瑞香，现今花市售卖的多是此品种。

室町时代大约相当于中国的明朝时期，正是倭患横行的时候，也是中国对外最开放的朝代，奉行“厚往薄来”的外交政策，中国的许多文化渡了过去，沈丁花也渡了过去。我不懂日文，根据汉字揣测，大约如此吧。至于引进的是什么种，就不得而知了。

日本人真喜欢它，盆里种，院子里也种，还绘成图，写在书信里，故而花香久远。中国人也种瑞香，在宋朝就开始了。苏轼有一曲《西江月》，讲的是在真觉院陪曹子方赏瑞香的事情，写得很有味道：

公子眼花乱发，老夫鼻观先通。领巾飘下瑞香风。惊起谪仙春梦。
后土祠中玉蕊，蓬莱殿后鞓红。此花清绝更纤秾。把酒何人心动。

曹子方，名辅，在宋诗宋词里出现过很多次，估计人缘很好。他其实是苏轼的晚辈，其父曾随苏轼习文，和苏门四学士极为交好。元祐六年（1091）三月，他从福州回京，路过杭州，苏轼正是杭州知州，便约他赏花宴饮，以尽地主之谊。

真觉院在杭州哪里，我一直不知道。寺院里种香花，却真是传了千年的习俗，蜡梅、梅花，总是寺院里开得最好，佛前也日日供着花。以前乡下乘凉，神汉对百姓说自己的神遇，总是先刮起一阵香风，而后才有菩萨降临，大约菩萨出门前，都要用花把衣服熏过的。

我窃想，若是家里摆上了一盆瑞香花，岂不是要天天见菩萨了！

我早年也种过瑞香，那香味怎么说呢，有蜜味，却又极浓烈，非群芳可比。五代宋初有位大官叫陶谷，本是后周臣子，赵匡胤陈桥兵变后，他拟了份禅位诏书，以此进身北宋朝廷。归宋后，有一次出使吴越。吴越王钱俶设宴款待，席上摆了各种各样的螃蟹，从大到小，一共摆了十几种。陶谷笑道："这真是一蟹不如一蟹。"他以此讥讽钱俶比不上开国君主钱镠，吴越国一代不如一代。杭州人尊崇钱王，在西湖边还有钱王祠，故而不喜这个家伙。

但陶谷写了部书，叫《清异录》，涉及天文地理、鸟兽草木以及居室器皿，很有研究价值。在这本书的"花事门"里，就有瑞香的记载：

庐山瑞香花，始缘一比丘，昼寝磐石上，梦中闻花香酷烈不可名，既觉，寻香求之，因名睡香。四方奇之，谓乃花中祥瑞，遂以瑞易睡。

这应该是能查到的有关瑞香花名来历的最早典故，是不是杜撰的，我不知道，应该是以讹传讹吧。

我也种过几年瑞香，很奇怪的是每年花期都不一样，第一年从花市里买来，带着花苞的，十二月就开了，外面下着雪，屋子里满是花香，感觉很美。第二年是过完春节，大约三月才开，我把它搬到院子里，院子里的梅花也在开，香味全被它给压下去了，有的书上叫它夺香花，真有道理，它恨不得把整个春天都夺了去。

要命的是它的花期还很长，约莫两个月吧。瑞香属于瑞香科，这个家族还有一种植物很常见，叫结香，也叫梦冬花，又是和睡觉有关的。结香的花也香，但比瑞香要淡一点，花期也长，能从冬天开到早春三月末，熏得人昏昏欲睡。

结香的韧皮纤维很发达，枝条可以打成结，每到冬天，叶子都落光了，就会有手欠的人给它打上一个个结。农村老太太来城里，总要惊叹这树真稀罕，还能自己打结——可不是么，城里的树都成了精。

瑞香也可以打结。只不过它是常绿灌木，长满了叶子，人们当是寻常草木，不去理会。阿Q看见尼姑，便要摸她的头，大概是因为光溜溜的，看着手痒，草木也一样。我在花市还见过一盆瑞香，被七扭八扭扎成了盆景，大结套小结，很难看。瑞香者，本就是赏它的叶绿，赏它的花香，那般折磨它作甚?

最后，我种的那盆是金边瑞香，大多数人家的估计也是这种。在古代，人们以为金边瑞香是名种，现在反而成大路货了。江浙山上还有一个品种，曰毛瑞香，是真正的野生品种，开白花，反而珍稀。所以，三十年河东，三十年河西，谁也说不好，更何况草木千年。

后记

对于热爱自然的人来说，草木是有情的。我读《诗经》，先民在表达情感之前，常以植物起兴，因为这些植物就长在他们身边，熟稔于心，所以俯仰吟哦，总是它们。

再往后，唐诗宋词，托物言志者，多有植物。

我便想，植物与自然，在古代是一个专门的学科以供所有孩子学习么？或许不是，也不应该是。若作为一个专业，它一定只适合极少数的一部分人。那为什么那么多古人将它们写入作品，俨然专家？因为，它属于日常，是生活的一部分。我们在教育孩子学习知识的同时，也应该教会孩子生活，这两者都很重要。

有些植物，惠人以口粮，滋养着我们的族群；有些植物，赐人以衣裳，让我们不再寒冷与羞耻；有些植物，可以作药物，维护着我们的健康；还有些植物，什么也不做，只安慰着我们的心灵。

植物是孤独的，人也是孤独的，我走过很多处山野，走过很远很远的山路，寂静无人，总见它们在寂静处生长着。没有一种植物是为人生长着的，假若你和她相逢了，这便是因缘，是它对于我们精神世界的意义。

我们总能在天地自然间照见自己的心，看见自己的影子。

有时候，我会带自己的学生去山上看植物，有时候会讲讲诗词歌赋，有时候会讲讲山下的城市，有时候什么也不讲，就让他们撒欢。前几天带他们去西湖边的南高峰，见到了满树黄叶的黄连木，让我想起读过的书，便在树下给他们讲故事。

黄连木是一种乔木，我小时候经常在秋天去折它结红果的小枝，形容枯槁，颜色惨红，有秋冬的寂寥，插在书案上，是一抹自然的残红。这种漆树科黄连木属的落叶植物，早春新叶萌发，绯红色，水嫩滋润，看着有春的味道。中国大部分地区都有采食新芽的习俗，枸杞头、香椿头、槐树芽，乃至于柳芽，皆可入馔，黄连木芽也可蔬食或代茶，山东有些地方管它叫“黄连茶”，大概便是因此而名。

黄连木还有一个名字听起来中规中矩，叫“楷木”。“楷”，这个字不读“kǎi”，读“jiē”。曲阜孔庙供奉着一株枯木，石碑曰：子贡手植楷。这是子贡为老师种植的。

孔子病，子贡请见。孔子方负杖逍遥于门，曰：“赐，汝来何其晚也！”孔子因叹，歌曰：“泰山坏乎？梁柱摧乎？哲人萎乎？”因以涕下。后七日，卒。

这是《孔子世家》里的一段话，我每读此，心里总生悲凉。泰山已坏，梁柱将摧，当我们对这个世界再也无能为力时，心底所渴求的，大概便是人情的温暖，总想有人来看看你。他对子贡说，赐啊，你怎么现在才来看我啊？垂垂然已是老人姿态。

孔子死后，弟子皆服丧三年。三年心丧毕，相决而去。只有子贡筑庐于冢上，又守了三年，方才离去。在守墓期间，他将南方的楷木移植到孔子墓旁，这就是“子贡手植楷”。

我见过最美的黄连木就是在南高峰，因为那里有这棵树，也有这群孩子留给我的记忆。我带孩子们从山上下来，已是日暮时分，阳光从远远的山头斜照过来，穿过黄色的珊瑚朴，落到近前的黄连木上，夕阳似血，黄连木残剩的叶子斑斓若梦，阵阵金黄。我站在树下，逆着光可以看见清晰而坚硬的叶脉，可以看见叶子后面大片的深黛色的茶园，可以看见更远处的山脉与隐在山间的人家。

在这样美的自然里，在这样美的黄连木下，我想让孩子慢慢觉察到——我们生活在一个活色生香的世界，这里居住着神仙、圣人、圣人的弟子；也居住妖魔、暴君、暴君的仆役；我们吃着最鲜嫩的蔬食，也将尝到最苦烈的药草；我们遭逢最寒冷的冬季，也能盼到春暖花开的季节。但是，管他呢，只要春天到了，总有人希望和他们一起去赏春，去听鸟叫，去看黄连木发芽的样子。

也一定有人去不了，却心向往之。日本平安时期的女诗人清少纳言，精通汉诗，文字极有古韵。她在《枕草子》里记录了几句和歌。春天到了，她收到别人踏青归来写的几句话，词是写在面白底青的纸上，很有味道。这本书有几个译本，我最喜欢周作人翻译的，他用白话文译这首和歌，字字都能落到我的心底：

如果我知道你是听子规啼声去了，
我即便是不能同行，
也让我的心随你们去吧。

我们都是热爱自然的，想与它长相厮守。这本书送给我自己，也送给如我一般热爱自然的人。我长居于山野，愿意把自然里美好的事物分享给大家，但我没办法替你们去看任何一朵花，走任何一步路，期待有一天，我们能偕行。

“笔落草木生”是我一门课的名字。我选了 30 个地点，花 3 年时间给我的一群孩子们讲 30 个偏旁部首的源流，也讲那一个个汉字落到自然中的样子。现在已经两年过去了，这群孩子慢慢长大，也去了不少城市，山与湖、寺观与园林、公园与博物馆、城市的街巷与乡下的稻田，山南海北，都留下了他们童年的足迹，异日重游，愿他们能忆起童年的喜乐，能忆起我们在路上遇见的春花与夏蝉，秋月与冬雪。

这本书也送给我爱的这些孩子们，愿他们永远爱自然，也受自然的滋养。

沈家智

2019 年 12 月 18 日

图书在版编目（CIP）数据

笔落草木生 / 沈家智著；殷茜绘. -- 南京：江苏凤凰科学技术出版社，2020.6

ISBN 978-7-5537-9892-9

Ⅰ. ①笔… Ⅱ. ①沈… ②殷… Ⅲ. ①观赏园艺 Ⅳ. ①S68-64

中国版本图书馆 CIP 数据核字 (2018) 第 278593 号

笔落草木生

策　　划	左晓红
著　　者	沈家智
绘　　者	殷　茜
责任编辑	安守军　朱　昊
特约编辑	顾　渊
责任校对	杜秋宁
责任监制	周雅婷
出版发行	江苏凤凰科学技术出版社
出版社地址	南京市湖南路1号A楼，邮编：210009
出版社网址	http://www.pspress.cn
照　　排	江苏凤凰制版有限公司
印　　刷	南京新世纪联盟印务有限公司
开　　本	889mm×1194mm　1/24
印　　张	11.33
插　　页	4
字　　数	200 000
版　　次	2020年6月第1版
印　　次	2020年6月第1次印刷
标准书号	ISBN 978-7-5537-9892-9
定　　价	69.80元